Band 94

OutdoorHandbuch

Katharina Engel

Wattwandern

BASISWISSEN FÜR DRAUSSEN

Alle Informationen, schriftlich und zeichnerisch, wurden nach bestem Wissen zusammengestellt und überprüft. Sie waren korrekt zum Zeitpunkt der Recherche. Eine Garantie für den Inhalt, z.B. die immerwährende Richtigkeit von Preisen, Adressen, Telefon- und Faxnummern sowie Internet-Adressen, Zeit- und sonstigen Angaben, kann naturgemäß von Verlag und Autorin - auch im Sinne der Produkthaftung - nicht übernommen werden.

Die Autorin und der Verlag sind für Lesertipps und Verbesserungen (besonders per E-Mail) unter Angabe der Auflagen- und Seitennummer dankbar.

Dieses OutdoorHandbuch hat 142 Seiten mit 54 farbigen Abbildungen sowie 11 farbigen Kartenskizzen. Es wurde auf chlorfrei gebleichtem Papier gedruckt, in Deutschland klimaneutral hergestellt und transportiert und der größeren Strapazierfähigkeit wegen mit PUR-Kleber gebunden.

OutdoorHandbuch aus der Reihe "Basiswissen für draußen", Band 94

ISBN 978-3-86686-094-0 2. überarbeitete Auflage

Dieses OutdoorHandbuch wurde konzipiert und redaktionell erstellt vom Conrad Stein Verlag GmbH, Postfach 1233, 59512 Welver, Kiefernstraße 6, 59514 Welver, ☏ 0 23 84/96 39 12, FAX 0 23 84/96 39 13, info@conrad-stein-verlag.de, www.conrad-stein-verlag.de.

Unsere Bücher sind überall im wohl sortierten Buchhandel und in cleveren Outdoorshops in Deutschland, Österreich und der Schweiz erhältlich.
Auslieferung für den Buchhandel:

D	Prolit, Fernwald und alle Barsortimente
A	freytag & berndt, Wien
CH	AVA-buch 2000, Affoltern und Schweizer Buchzentrum
I	Leimgruber A & Co. OHG/snc, Kaltern
BENELUX	Willems Adventure, LT Maasdijk
E	mapiberia f&b, Ávila

Text und Fotos: Katharina Engel
Karten: Heide Schwinn
Lektorat: Kerstin Becker
Layout: Manuela Dastig
Gesamtherstellung: AZ Druck und Datentechnik GmbH, Kempten

Inhalt

Wir konnten es selbst kaum glauben ...

... aber der Conrad Stein Verlag war der erste Buchverlag in Deutschland, der konsequent klimaneutral produzieren und transportieren ließ.

Was bedeutet klimaneutral gedruckt?

Wir haben unsere Druckerei mit der klimafreundlichen Produktion beauftragt. Dabei wird nicht nur klimaneutral, sondern auch nachhaltig, d.h. so umweltschonend wie möglich produziert. Dafür sorgen die Druckerei mit eigenen Klimaschutzbestrebungen und wir durch die Auswahl von umweltfreundlichen Materialien.

Die von uns beauftragte Druckerei berechnet mit einem auf den Druckereibetrieb angepassten CO_2-Rechner die Emissionen, die durch die Fertigung des Druckauftrags entstehen. Papier, Farben, Lacke, Klebstoffe und der Betrieb von Maschinen verursachen beispielsweise das klimaschädliche Treibhausgas Kohlendioxid. Im Anschluss an die Berechnung werden Emissionsminderungszertifkate aus anerkannten Klimaschutzprojekten in Höhe des berechneten Emissionsausstoßes gekauft und nach den Kriterien des Kyoto-Protokolls stillgelegt bzw. gelöscht. Ist dieser Prozess abgeschlossen, wird die Drucksache mit dem Logo "klimaneutral" versehen. Wir bekommen eine Climate-Partner-Zertifikatsnummer mithilfe derer Sie unter www.climatepartner.com das Projekt finden, das mit der Abgabe gefördert wurde.

Nachhaltigkeit und angewandter Klimaschutz spielen für den Verbraucher eine große Rolle und werden verstärkt nachgefragt. Das Zeichen "klimaneutral" zeichnet ein Qualitätsprodukt aus, das mit einem hohen Grad an Verantwortungs- und Umweltbewusstsein hergestellt wurde. Wir vermitteln interessierten Verlagen gern Kontakt zu den verantwortlichen Stellen.

Über die Autorin

Katharina Engel reist seit vielen Jahren regelmäßig an die Nordsee. Seit frühster Kindheit unternimmt sie mit ihrem Vater, dem Biologen Hartmut Engel, ausgedehnte Wanderungen im Watt und erforscht die Tier- und Pflanzenwelt dieses faszinierenden Lebensraums.

Bei zahlreichen längeren Aufenthalten und Praktika in verschiedenen Wattenmeerstationen hat sie sich umfangreiche Kenntnisse über das Wattenmeer erworben.

Symbole

✋	Achtung!	☺	Tipp
💻	Homepage	☞	Verweis
ℹ	Information		

Vorwort

Das Paradies vor unserer Tür, nicht Land, nicht Meer - und das im 6-stündigen Wechsel. Einmalige Natur mit einer einmaligen Fauna und Flora. Wunderschönes, vielfältiges, einzigartiges Biotop. Wie alle Naturreservate bedroht vom Tourismus, von wirtschaftlichen Interessen und unserer Unwissenheit.

Noch gibt es dieses Wunder, noch kann man es besuchen und bestaunen. Wer das Watt einmal erlebt hat, ist seinem Zauber für immer verfallen. Und Wattlaufen selbst ist der Inbegriff für das Motto dieser Buchreihe "Der Weg ist das Ziel".

Jeder, der einmal diesen Naturraum besucht hat, verbindet wohl ganz individuelle, lieb gewordene Erinnerungen damit.

Meine Frau z.B. schildert immer wieder die merkwürdige Begegnung mit einem einsamen Wattwanderer. Im Watt vor Cuxhaven kam ihr und ihrer Mutter ein Wattläufer entgegen. Ein Rucksack, ein alter Hut und ein Wanderstock - mehr war nicht dran an diesem Herrn. Aber er grüßte die beiden Damen ausgesprochen höflich.

Meine Erinnerungen beziehen sich vor allem auf das Watt zwischen Neuwerk und Scharhörn, wo ich leider nur viel zu kurz für eine Saison Vogelwart war.

Wir alle lieben dieses Wattenmeer und jetzt können wir es im vorliegenden Band genauer kennenlernen. Dieses Buch ergänzt und erneuert nicht nur unser bisheriges Wissen, sondern wir erfahren auch alles, was wir bisher vielleicht schon immer wissen wollten.

Es ist ein Genuss, die Begegnung mit diesem Stück ursprünglicher Natur in dem vorliegenden Band. Ich fand reichlich Wissenswertes, nach dem ich nicht einmal gefragt hätte. Umso interessierter nahm ich die Antworten auf. Es macht Spaß, diesen Band zu lesen.

Wolf Münkemüller

Einführung

Das Watt ist für Kinder ein toller Spielplatz

Das europäische Wattenmeer, das sich von Den Helder in den Niederlanden entlang der Deutschen Bucht bis nach Esbjerg in Dänemark erstreckt, ist einzigartig auf der Welt. Nirgendwo sonst gibt es eine vergleichbare Wattenlandschaft. Sie ist mit einer Fläche von ca. 8.000 km² nicht nur von der Größe her einmalig, sondern auch wegen ihrer vielen unterschiedlichen Lebensräume, die eng miteinander vernetzt sind und in einem ständigen Austausch untereinander stehen.

Hinzu kommt, dass das Wattenmeer eine überaus dynamische Landschaft ist. Während man anderswo Veränderungen nur über Generationen oder noch längere Zeiträume hinweg verfolgen kann, ist die Landschaft im Wattenmeer einem täglichen Wandel unterworfen. Und damit ist nicht nur der regelmäßige Wechsel zwischen Ebbe und Flut gemeint. Ständig suchen sich Priele einen neuen Weg, Sande werden vom Meer fortgespült und entstehen dafür an anderer Stelle wieder neu. Dünen verlagern sich und ganze Küstenstreifen verändern ihr Gesicht.

Auch im Winter hat das Watt einen gewissen Charme

Am augenfälligsten sind natürlich die Auswirkungen von Ebbe und Flut. Wo eben noch endloses Meer vor uns lag und Segler und Surfer vom Wind dahingetrieben wurden, wandern nur wenige Stunden später die Touristen mehr oder weniger trockenen Fußes über den Meeresboden.

Im Watt gibt es viel zu entdecken

Jahr für Jahr streben Hunderttausende in die Küstenbadeorte und verbringen ihre Ferien oder nur ein paar Tage am Meer. Was macht die Faszination dieser Landschaft aus? Ist es die Möglichkeit, als "Normalbürger" ohne Tauchgeräte bis auf den Meeresgrund vordringen zu können? Ist es die Aussicht auf einen Badeurlaub mit Sonne und Strand oder lockt die beeindruckende, manchmal geheimnisvolle Tier- und Pflanzenwelt, die sich einem extremen Lebensraum angepasst hat?

Wer dieses Buch liest, wird vielleicht eine Antwort finden. Und so ist es denn auch nicht nur für den aktiven Wattwanderer gedacht, sondern für alle, die sich etwas mehr mit dem Wattenmeer beschäftigen wollen und erfahren möchten, welche Geheimnisse diese einzigartige Naturlandschaft bietet.

Wie andere extreme Lebensräume auch birgt das Watt für den unerfahrenen Wanderer diverse Gefahren. Deshalb sollte sich jeder, der nicht ortskundig ist, bei längeren Touren einem erfahrenen Wattführer anvertrauen. Aus diesem Grund werden Sie in diesem Buch auch keine detaillierte Beschreibung von Wanderrouten finden, wohl aber Hinweise und Tipps, von welchen Orten aus Sie unter fachkundiger Führung lohnende Touren unternehmen können, während derer Sie viel über das Leben im Watt erfahren.

Das Wattenmeer der Nordsee beherbergt eine Vielzahl von Pflanzen und Tieren, die sich den extremen Lebensbedingungen angepasst haben. Der

Wechsel zwischen Trockenfallen und Überflutung, zwischen niedrigen und hohen Temperaturen, zwischen Salz- und Süßwasser, der stark schwankende Sauerstoffgehalt und die mechanischen Belastungen durch Strömung, Wellengang, Sedimentverfrachtung oder Eisgang sind in keinem anderen Lebensraum unserer Erde so intensiv und ausgeprägt. Es lohnt sich, einige Beispiele von Pflanzen und Tieren kennenzulernen, die mit diesen "widrigen" Bedingungen nicht nur leben können, sondern sogar darauf angewiesen sind.

Darüber hinaus ist das Watt zumindest zeitweise Lebensraum verschiedener Tierarten, wie z.B. von Fischen oder Vögeln, die ohne diesen Naturraum in der gesamten Art vom Aussterben bedroht wären.

Einen Großteil dieses Buchs nimmt daher auch die beispielhafte Beschreibung einiger Pflanzen und Tiere ein. Allerdings ist eine vollständige Darstellung sämtlicher Lebewesen im Wattenmeer im Rahmen eines einzigen Buches nicht möglich und hier auch nicht beabsichtigt. Daher wurden nur die für den Lebensraum wesentlichen Arten berücksichtigt. Selbstverständlich ist eine solche Auswahl immer mehr oder weniger subjektiv und mancher Leser wird die eine oder andere Art vermissen. Wer sich hier weiter informieren möchte oder sich mit bestimmten Tier- oder Pflanzengruppen detaillierter beschäftigen möchte, sei auf die Spezialliteratur (☞ Literaturliste am Ende des Buches) verwiesen.

Ein besonderes Anliegen dieses Buches ist es auch, den Leser dazu zu bringen, die komplexen Zusammenhänge und Abhängigkeiten zwischen biotischen und abiotischen Faktoren, also zwischen belebter und unbelebter Welt des Wattenmeeres zu erahnen und den Wert und die Verletzbarkeit dieser Landschaft als Naturraum richtig einschätzen zu können. Womit einhergeht, dass er erkennen soll, dass er sich in dieser empfindlichen Landschaft, sei er nun Wattwanderer, Badeurlauber oder auf andere Art und Weise Nutznießer, behutsam und mit Respekt zu bewegen hat und nach Möglichkeit alles zu unterlassen hat, was zu einem Schaden von Pflanzen und Tieren oder der Landschaft selbst führen könnte.

Naturlandschaft Wattenmeer

An vielen Stellen findet man Hinweise auf Wasserstände bei Sturmfluten

Das Watt an der Nordseeküste ist ein nur sehr langsam zum offenen Meer hin abfallendes Gebiet, das durch die Einwirkung der Gezeiten einem ständigen Wechsel ausgesetzt ist. In immer gleichem Rhythmus überschwemmt zweimal täglich das Wasser der Nordsee die Wattflächen, um sich anschließend wieder zurückzuziehen und den Meeresboden freizugeben.

Der Begriff "Watt" stammt aus dem altfriesischen Wort "wad", was so viel wie seicht oder untief bedeutet. Unter Watt werden die offenen, sandigen oder schlickigen Flächen verstanden, die dem Einfluss der Gezeiten ausgesetzt sind. In der Mehrzahl spricht man von Watten.

Die Watten sind ein Teil des **Naturraumes Wattenmeer**, zu dem auch Bereiche gehören, die nicht regelmäßig überflutet werden. Als Wattenmeer werden allgemein die Gebiete vom Deichfuß bis zum Bereich der 10-m-Tiefenlinie bezeichnet. Dazu gehören also auch die Salzwiesen, Sandbänke, Inseln, Halligen, Priele und Tiefs.

Das Wattenmeer, das Teil der fast 600.000 km^2 großen Nordsee ist, umfasst eine Fläche von knapp 8.000 km^2. Es erstreckt sich über etwa 450 km vom niederländischen Den Helder im Südwesten bis zum dänischen Esbjerg im Norden. Etwa 60 % gehören zu Deutschland.

Das europäische Wattenmeer ist aus mehreren Gründen auf der Welt einzigartig:

- Es gibt keine zusammenhängende Wattenlandschaft auf der Erde, die größer ist.
- Die einzelnen Landschaftselemente wie z.B. Salzwiesen, Watten, Sandbänke, Dünen, Priele und Tiefs sind nicht voneinander isoliert, sondern eng miteinander verknüpft. Sie beeinflussen sich wechselseitig.
- Das Wattenmeer gehört zu den produktivsten Lebensräumen der Erde und kann in dieser Beziehung mit dem tropischen Regenwald verglichen werden.
- Im europäischen Wattenmeer leben etwa 250 endemische Tierarten, also Arten, die nur hier und sonst nirgends auf der Welt vorkommen.
- In Mitteleuropa ist es (neben den Hochalpen) die einzige, noch weitgehend natürlich belassene, großflächige Landschaft.

Verschiedene Faktoren kennzeichnen das europäische Wattenmeer. Am bedeutendsten ist der Einfluss der Gezeiten, also von Ebbe und Flut, die das Watt periodisch überfluten und wieder trockenfallen lassen. Allerdings mussten noch eine Reihe anderer Voraussetzungen erfüllt sein, damit sich das Wattenmeer der Nordsee, wie wir es heute kennen, bilden konnte.

Merkwürdige Begegnungen sind auch im Watt möglich

Dazu gehört z.B. auch der sehr flach zum offenen Wasser hin geneigte, nur bis zu 10 m tiefe Meeresboden. Wichtig sind weiter die vorgelagerten Inseln, Sände und Halligen sowie die Strandwälle, die eine natürliche Wellenbrecherfunktion haben und u.a. dafür sorgen, dass die Strömungsgeschwindigkeit des Wassers herabgesetzt wird, wodurch sich mehr Sediment ablagern kann. Auch ohne diese Sedimente, die aus der Nordsee selbst und vor allem aus den Flussmündungen stammen, wäre das Wattenmeer in dieser Form undenkbar.

Ebenfalls nicht ohne Einfluss ist der in der Regel vom Meer her wehende Wind. So sorgt er nicht nur für Sturmfluten mit z.T. großen Veränderungen der Oberflächenstruktur der Wattlandschaft, sondern auch dafür, dass z.B. Dünen durch Sandflug aufgetragen werden. Auf Flora und Fauna hat natürlich das in unseren Breiten herrschende gemäßigte Klima entscheidenden Einfluss.

Dass das Wattenmeer nicht nur eine Funktion als Erholungsraum für Urlauber hat, sondern eine bedeutende überregionale Rolle in einem globalen Ökosystem spielt, hat sich inzwischen schon weit herumgesprochen. Beispielhaft sollen an dieser Stelle nur fünf wichtige Funktionen angeführt werden, die das Wattenmeer erfüllt:

▷ Im Wattenmeer leben zahlreiche, **endemische Tier- und Pflanzenarten**. Dabei handelt es sich um Arten, die nur hier vorkommen. Viele Arten haben sich auf die ganz besonderen Lebensbedingungen im Wattenmeer spezialisiert. Sie können nur hier leben. Ein Ausweichen in andere Lebensräume ist ihnen nicht möglich. Wenn das Wattenmeer auch nur in Teilen verloren geht oder verändert wird, sind viele der speziell angepassten Arten akut gefährdet.

▷ Das Wattenmeer ist wichtigster Rastplatz für den **ostatlantischen Vogelzug**. Auf dieser Zwischenlandung versorgen sich Millionen von Zugvögeln mit neuer Nahrung und ergänzen dadurch ihre Fettreserven, wenn sie von ihren Brutplätzen in der Paläarktis in die Winterquartiere nach Afrika fliegen und umgekehrt. Ohne diesen Stopp mit der Möglichkeit zur Nahrungsaufnahme könnten die Vögel den mehrere tausend Kilometer langen Flug nicht bewältigen.

▷ Das Wattenmeer gilt als **Kinderstube der Nordseefische**. In diesem flachen, sehr nahrungsreichen Meeresgebiet verbringen eine Reihe von Nordseefischen, wie z.B. Scholle oder Hering, ihre Jugend. Sie finden hier ideale Lebensbedingungen vor.

▷ Das Wattenmeer bietet dem in der Nordsee lebenden **Seehund** auf Sandbänken in unmittelbarer Nähe von tieferen Rinnen ideale **Wurf- und Liegeplätze**.

▷ Das Wattenmeer erfüllt eine wichtige Funktion als **Kläranlage der Nordsee**. Zahlreiche Filtrierer, wie z.B. Muscheln oder Würmer, die ihre Nahrung aus dem Boden oder Wasser herausfiltern, entziehen ihnen auch die Schadstoffe. Allerdings können diese Tiere die schädlichen Substanzen natürlich nicht umweltgerecht entsorgen. Sie werden in den Tieren angereichert und verbleiben so im Ökosystem.

Ebbe und Flut

Prägende Faktoren bei der Gestaltung der Wattlandschaft sind die Wirkungen von Ebbe und Flut. Dieses als Tiden oder Gezeiten bezeichnete regelmäßige Fallen und Steigen des Wasserspiegels in einem etwa 12-stündigen Rhythmus führt dazu, dass bei Niedrigwasser weite Teile des Wattenmeeres frei von Wasser sind und der Meeresboden zu Tage tritt, während bei Hochwasser das Meer wieder die Herrschaft über das Land erobert hat.

Die Begriffe Ebbe und Flut werden vielfach falsch verwendet. Sie bezeichnen nämlich nicht den Zeitpunkt von Niedrig- oder Hochwasser, sondern den Vorgang, der zu diesen beiden Zuständen führt. Läuft das Wasser also nach Erreichen der Niedrigwassermarke wieder auf, spricht man von Flut. Entsprechend spricht man von Ebbe, wenn der Wasserspiegel nach Erreichen der Hochwassermarke wieder sinkt. Der höchste Wasserstand wird also **Hochwasser** und nicht Flut genannt, der niedrigste Wasserstand **Niedrigwasser** und nicht Ebbe.

Ursache für die Entstehung der Tiden ist die Anziehungskraft, die Mond und Sonne auf die Erde ausüben, sowie die Fliehkraft aus der Drehung des Systems Erde-Mond. Durch die Drehung der Erde um die eigene Achse zieht der Mond einmal täglich um unseren Planeten. Das bewegliche Wasser auf der Erde wird vom Mond angezogen und so zu einem Wellenberg aufgetürmt, unter dem sich die Erde wegdreht. Auf der gegenüberliegenden, der Mond abgewandten Seite der Erde entsteht der Flutberg durch Fliehkräfte. Erde und Mond bilden ein Gespann, das sich um einen gemeinsamen Schwerpunkt dreht, der etwa 4.000 km vom Erdmittelpunkt entfernt liegt und sich damit noch innerhalb der Erde befindet. Durch die Fliehkraft wirkt auf das Wasser eine nach außen gerichtete Kraft, die es zu einem Wellenberg auftürmen lässt, der allerdings nicht ganz die Höhe des "Mondberges" erreicht.

Beide Ursachen bewirken, dass sich Ebbe und Flut innerhalb eines Mondtages von etwa 24 Stunden und 50 Minuten zweimal ablösen. Ein Tidenzyklus dauert also ca. 12 Stunden und 25 Minuten, womit sich die Eintrittszeiten für Hoch- und Niedrigwasser jeden Tag um etwa 50 Minuten verschieben. Im Übrigen sind die Zeiten für Ebbe und Flut nicht gleich lang. Während die Flut etwa 6 Stunden andauert, fließt das Wasser bis zum Niedrigwasser knapp 30 Minuten länger ab.

In gleicher Weise wie der Mond beeinflusst auch die Sonne die Erde, allerdings mit deutlich weniger Wirkung, da sie viel weiter entfernt ist. Wenn Sonne und Mond aber in einer Linie stehen, was bei Neu- und Vollmond der Fall ist, addieren sich beide Kräfte und es kommt zu besonders extremen Ausprägungen von Hoch- und Niedrigwasser, den sog. **Springtiden**. Das Hochwasser ist höher als normal und bei Niedrigwasser zieht sich das Meer weiter als sonst zurück.

Bei Halbmond, Mond und Sonne stehen dann im rechten Winkel zueinander, entstehen die sog. **Nipptiden**, da sich die Wirkungen beider Himmelskörper teilweise neutralisieren. Die Flut läuft nicht hoch auf und bei Ebbe weicht das Wasser nicht sehr weit zurück. Der Pegelunterschied zwischen dem Hochwasser bei Springtide und dem bei Nipptide beträgt etwa 1 m.

Wer die Zeiten von Spring- und Nipptiden mit den Mondphasen vergleicht, wird feststellen, dass sie gut zwei Tage nach Neu- bzw. Vollmond sowie Halbmond eintreten. Dies liegt daran, dass die dafür verantwortlichen Gezeitenwellen aus dem Atlantik stammen und etwa zwei Tage benötigen, um bis in die Nordsee vorzudringen.

Großen Einfluss auf die Wasserstände bei Hoch- bzw. Niedrigwasser hat auch der Wind, der das Wasser regelrecht vor sich hertreiben kann. Weht in der Deutschen Bucht ein starker Nordwestwind, wird das Meerwasser bei Flut zusätzlich in die Bucht gedrückt und es kommt sowohl bei Niedrig- als auch bei Hochwasser zu höheren Wasserständen als normal. Bei einem kräftigen

Sturm aus nordwestlichen Richtungen kommt es dann regelmäßig zu Sturmfluten, die in Kombination mit Springtiden besonders extrem werden können und in der Vergangenheit schon zu schweren Schäden und dem Verlust von vielen Menschenleben an der Nordseeküste geführt haben.

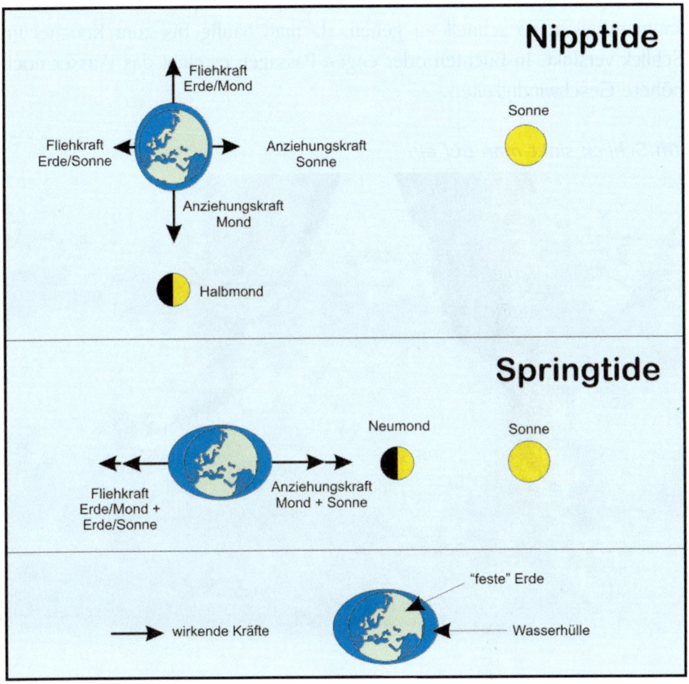

Bei östlichen Winden wird das Wasser dagegen aus der Bucht herausgetrieben. Die Wasserstände sind extrem niedrig und Wattflächen fallen trocken, die normalerweise vom Wasser bedeckt sind.

Wer zum ersten Mal im Watt wandert, ist oft über die Geschwindigkeit erstaunt, mit der das Wasser bei Flut aufläuft und bei Ebbe wieder abläuft. Die **Gezeitenströme** (Flut- und Ebbestrom) erreichen in der Tat relativ hohe

Geschwindigkeiten. Immer wieder unterschätzen unerfahrene Wattwanderer die Geschwindigkeit des **Flutstromes**, werden durch das auflaufende Wasser vom Rückweg abgeschnitten und geraten in große Gefahr. Auf den Watten der Nordseeküste beträgt der Gezeitenstrom etwa 3 bis 5 km/h, was schon der Geschwindigkeit eines normalen Fußgängers entspricht. Im Watt ist es kaum möglich, so schnell zu gehen, da man häufig bis zum Knöchel im Schlick versinkt. In Buchten oder engen Passagen erreicht das Wasser noch höhere Geschwindigkeiten.

Im Schlick sinkt man tief ein

Den Höhenunterschied zwischen Hoch- und Niedrigwasser nennt man Tidenhub. Der mittlere **Tidenhub** ist auf dem offenen Ozean relativ gering und beträgt nur etwa einen halben Meter. An den Küsten ist er stark abhängig von der jeweiligen Geländeform. In der Deutschen Bucht beträgt der mittlere Tidenhub etwa 1,5 bis 3,5 m. An Küsten mit sich stark verengenden Buchten kann er aber sehr viel höher werden. Dabei nimmt der Tidenhub zum Ende der Bucht hin zu.

Die höchsten Werte wurden im kanadischen Osten an einigen Stellen der Bay of Fundy (Nova Scotia) mit Höhenunterschieden von bis zu 21 m gemessen. In Europa werden die größten Differenzen zwischen Hoch- und Niedrigwasser mit bis zu 12 m im Südwesten Englands (Bristolkanal) sowie in der Bretagne erreicht.

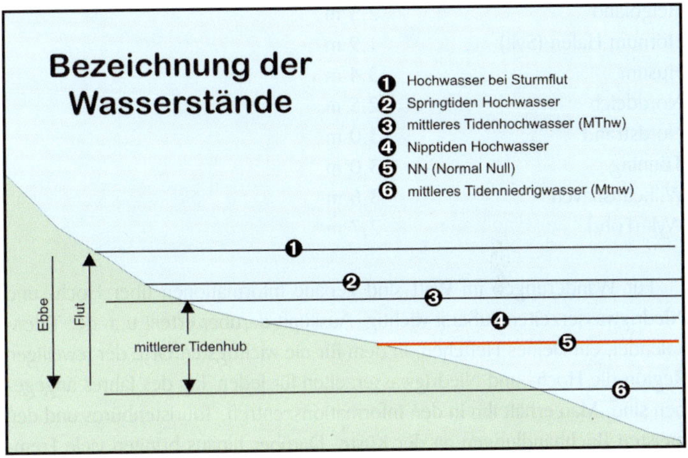

Hoch- und Niedrigwasser treten an verschiedenen Orten zu unterschiedlichen Zeiten auf. In der Nordsee schwingt das Wasser ähnlich wie in einem tiefen Teller hin und her. An der Wattenmeerküste bewegt sich der Flutberg zunächst von West nach Ost entlang der West- und Ostfriesischen Inseln und anschließend von Süd nach Nord die deutsche und dänische Küste hoch. Von der niederländischen Insel Texel dauert es ca. 5 Stunden, bis er Hamburg erreicht hat. 3 Stunden später läuft das Wasser in der Jammerbucht, in Dänemarks Norden zu Hochwasser auf.

In der Tabelle sind für einige Orte in der Deutschen Bucht die mittleren Tidenhübe angegeben:

Ort	Tidenhub
Blankenese (Hamburg)	2,5 m
Bremerhaven	3,5 m
Büsum	3,3 m
Cuxhaven	2,9 m
Emden	3,0 m
Helgoland	2,3 m
Hörnum Hafen (Sylt)	1,9 m
Husum	3,4 m
Norddeich	2,5 m
Nordstrand	3,0 m
Tönning	3,0 m
Wilhelmshaven	3,6 m
Wyk (Föhr)	2,7 m

Für Wanderungen im Watt sind genaue Informationen über Hoch- und Niedrigwasserzeiten äußerst wichtig. Auskunft darüber erteilt u.a. der Tidenkalender, ein kleines Heftchen, in dem für die wichtigsten Orte der jeweiligen Region die Hoch- und Niedrigwasserzeiten für jeden Tag des Jahres angegeben sind. Man erhält ihn in den Informationszentren, Touristenbüros und den meisten Buchhandlungen an der Küste. Darüber hinaus bringen viele Fremdenverkehrszentralen kostenlose Tidenkalender für den jeweiligen Ort heraus.

Entstehung des Wattenmeers

Das Wattenmeer unserer Tage ist geprägt durch die Kräfte der Natur und die Eingriffe des Menschen. Natur und Menschen haben miteinander, aber auch gegeneinander die heutige Form der Landschaft geschaffen. Auch heute befinden wir uns nur an einem Punkt der Entwicklung, die unaufhörlich fortschreitet. Das dynamische System Wattenmeer verändert sich mit jedem Tag. Dies wird im Kleinen sichtbar, z.B. an Sandbänken, die sich von Tag zu Tag verlagern, oder an Prielen, die ständig ihre Form verändern. Aber auch im Großen, wenn man z.B. an die Bedrohung der Insel Sylt denkt.

Erdgeschichtlich kann der Großraum auf eine wechselvolle Entwicklung zurückblicken. Seit mehr als 2 Mio. Jahren, dem Übergang vom Tertiär zum Quartär, wechseln sich ständig unterschiedlich lang andauernde Eis- und Warmzeiten miteinander ab. In dieser Phase der Erdgeschichte, die man das Eiszeitalter (Pleistozän) nennt, wurden die Voraussetzungen für die Bildung des heutigen Wattenmeeres geschaffen. Erst vor etwa 10.000 Jahren, erdgeschichtlich nur ein Augenblick, endete mit der Weichseleiszeit die bislang letzte Kaltperiode.

Für Norddeutschland waren besonders die Gletschervorstöße der letzten zwei Eiszeiten prägend: Saale- und Weichseleiszeit. Während der **Saaleeiszeit** (235.000 bis 125.000) schoben sich von Norden bis an die Mittelgebirge mächtige Gletscher über das Gebiet. Sie brachten große Mengen an Sand, Kies und Steinen mit sich. Die gesamte Nordsee war bis auf einen kleinen Rest im Südwesten von Eis bedeckt. In der folgenden **Eem-Warmzeit** zogen sich die Gletscher langsam zurück und hinterließen bis zu 500 m dicke Ablagerungen, die u.a. die Kerne der Inseln Sylt, Föhr und Amrum bilden. Während der Eem-Warmzeit hatte die Nordsee etwa die gleiche Ausdehnung wie heute.

Die Periode des etwas gemäßigteren Klimas währte aber nicht lange. Schon nach etwa 10.000 Jahren begann mit der **Weichseleiszeit** erneut eine Kaltzeit. Allerdings drangen die Gletscher nicht mehr so weit nach Süden vor, wie bei der vorangegangenen Vereisung. Das Gebiet der Nordsee blieb eisfrei, bis auf einen Teil nördlich der Linie Aberdeen (Schottland) - Esbjerg (Dänemark). Während des Höhepunkts der Weichseleiszeit waren große Mengen Wasser in den Polkappen und Gletschern gespeichert, so dass der Meeresspiegel bis zu 100 m unter dem heutigen lag. Die Nordsee war zu dieser Zeit trocken. Wer wollte, hätte zu Fuß nach England gehen können.

Die Gletscher brachten unvorstellbare Mengen Gesteine, Geröll, Kies und Sand von Skandinavien nach Norddeutschland, die hier abgelagert wurden. Ohne diese Ablagerungen wäre Norddeutschland heute weitgehend vom Meer bedeckt.

Die gewaltigen Gletscherströme und Flüsse transportierten das Material dann weiter nach Westen in den Bereich der heutigen Nordsee, Material, aus dem sich u.a. auch die Watten bildeten. Die Flüsse schwollen zu breiten

Strömen an und bildeten riesige Urstromtäler, in denen sich das heutige Flussbett fast verliert. Sehr schön kann man z.B. das Urstromtal der Elbe mit seinen steil abfallenden Geestkanten bei Hamburg sehen.

Vor etwa 10.000 Jahren wurde es dann wieder wärmer. Die Gletscher schmolzen und der Meeresspiegel stieg allmählich an. Besonders stark war der Anstieg vor 7.000 bis 9.000 Jahren. In diesen 2.000 Jahren hob sich der Meeresspiegel um etwa 40 m, pro Jahr also um etwa 2 cm. In den letzten 7.000 Jahren hat sich der Meeresspiegel dann noch einmal um 8 m auf das heutige Niveau gehoben.

Im Küstenbereich lagerte sich eine bis zu 30 m starke Sedimentschicht ab, die seewärts relativ schnell dünner wird. Diese Schicht bildet heute die Grundlage des Wattenmeeres.

Um sich vor den ständigen Überflutungen zu schützen, begannen die Siedler vor etwa 1.000 Jahren mit dem Deichbau. Seither herrscht zwischen den Küstenbewohnern und dem Meer ein ständiges Ringen um Land, das in dem friesischen Spruch gipfelt: "Gott schuf das Meer, der Friese die Küste."

Erfolgen bei der Gewinnung von Siedlungsraum stehen aber immer wieder große Flutkatastrophen entgegen, in deren Verlauf sich das Meer ein Stück Land zurückerobert hat und viele Menschen ihr Leben lassen mussten. Als Beispiele seien genannt die Entstehung des Jadebusen und des Dollart nach mehreren Sturmfluten im Mittelalter oder die Grote Mandrenke im 14. Jahrhundert, bei der zwischen Hamburg und Dänemark mehr als 100.000 Menschen ertrunken sein sollen und die sagenhafte Stadt Rungholt vernichtet wurde.

Welche großen Veränderungen im Landschaftsbild an der Küste in nicht einmal 800 Jahren erfolgt sind, zeigt der Ausschnitt einer Karte von Nordfriesland, die von Husumer Kartographen im 13. Jahrhundert erstellt wurde, im Vergleich mit der heutigen Küstenlinie.

Seither wurden die Deiche immer höher und die Hochwasserschutzmaßnahmen perfekter. Durch Eindeichungen gewann der Mensch nach und nach Land zurück. Dennoch kam es auch in jüngster Vergangenheit nach Sturmfluten immer wieder zu Deichbrüchen mit verheerenden Folgen für Land und Leute. Erinnert sei hier an die große Sturmflut von 1962, während der allein

Nordfrieslands
Küstenlinie im
13. Jahrhundert
im Vergleich
zu heute
N
W
O
S
Sylt
Niebüll
Föhr
Bredstedt
Amrum
Pellworm
Husum
Nordstrand
Eiderstedt
© Stein Verlag

in Hamburg mehr als 100 Menschen ihr Leben lassen mussten. Auch Sylt verliert heute noch mit jeder Sturmflut einen mehr oder weniger breiten Küstenstreifen.

Und viele Bewohner in den tiefer gelegenen Marschen an der Küste schauen bei jeder größeren Sturmflut mit Besorgnis auf die Deiche und hoffen, dass sie dem Ansturm der Wellen standhalten und ihr Leben sowie Hab und Gut zuverlässig schützen.

Schafe sorgen dafür, dass das Gras auf dem Deich gleichmäßig kurz ist und treten den Boden fest

Watt-Typen

Es gibt mehrere Möglichkeiten, die unterschiedlichen Wattarten zu klassifizieren. Gebräuchlich ist einerseits die Einteilung nach dem **Bodentyp** und andererseits nach der **geografischen Lage**.

Beim Bodentyp werden für den Bereich des Wattenmeeres das Sand-, Misch- und Schlickwatt unterschieden. Diese drei Typen zeichnen sich durch ein unterschiedliches Mischungsverhältnis zwischen Sand und Schlick aus. Der Sandanteil besteht zum größten Teil aus Quarz. In geringeren Mengen sind Glimmer, Feldspat, Turmalin, Granat und andere Gesteinsreste beigemengt. Der Schlick besteht aus sehr feinkörnigem Sand mit Beimengungen von organischen und mineralischen Sedimenten. Zwischen ihnen gibt es aber keine festen Grenzen. Die Übergänge zwischen den einzelnen Typen sind meist fließend. Die häufigsten Arten sind das Misch- und Sandwatt, die etwa zu gleichen Teilen auftreten. Schlickwatt kommt dagegen mit etwa 5 % sehr viel seltener vor.

Beim **Sandwatt** ist der Sandgehalt größer als 90 %. Die Sandkörner haben eine Größe von mehr als 0,5 mm. Einzelne Körner sind zwischen den Fingern zu spüren. Sandwatt ist trittfest. Beim Wandern hinterlässt man so gut wie keine Fußabdrücke.

Sandwatt besteht aus einer bis zu 10 cm dicken, hellen, sauerstoffreichen Schicht, auf die eine dunkle, sauerstoffarme Schicht folgt. Die Färbung der Schicht sagt etwas über ihren Sauerstoffgehalt aus. Der Sand besteht aus den Mineralien Quarz, Glimmer und Feldspat, die während der Eiszeit durch die Gletscher hierher transportiert wurden.

Sandwatt finden wir vor allen Dingen dort, wo die Strömungsgeschwindigkeiten groß sind. Dies ist in der Nähe der offenen See der Fall, aber auch an den Rändern von Prielen und an Außensänden.

Mischwatt hat nur einen Sandgehalt von 50 bis 90 %. Außerdem sind die einzelnen Körner mit 0,05 bis 0,5 mm sehr viel feinkörniger. Während beim Sandwatt einzelne Körner zwischen den Fingern zu spüren sind, fühlt sich der Sand des Mischwatts zwischen den Fingern lediglich rau an. Wie beim Sandwatt auch, kann man auf dem Mischwatt gut laufen. Man hinterlässt aber gut sichtbare Fußabdrücke.

Das Mischwatt ist oben bräunlich und wird schon in einer Tiefe von 1 bis 2 cm grau. In diese graue Schicht kann kein Sauerstoff mehr eindringen. Die bräunliche Färbung der oberen Schicht wird von Eisenhydroxid hervorgerufen, das durch Oxidationsprozesse entsteht.

Mischwatt bildet sich dort, wo die Strömungsgeschwindigkeit des Wassers nicht zu groß aber auch nicht zu klein ist.

Schlickwatt kann dagegen nur in solchen Bereichen entstehen, wo wenig Strömung herrscht. Das sind meist Bereiche in Küstennähe oder mehr oder weniger abgeschlossenen Buchten, hinter Inseln oder Sandbänken. Es ist schwärzlich grau und glänzt stark. Es besteht aus feinkörnigem Schluff mit einer Korngröße von unter 0,005 mm und Ton sowie einem großen Anteil organischer Materialien, der aus abgestorbenen oder lebenden Tier- und Pflanzenteilen besteht.

Auffallend ist vor allem im Sommer der starke Geruch nach faulen Eiern (Schwefelwasserstoff). Das übel riechende Gas stammt von Bakterien, die zum Leben nicht auf Sauerstoff angewiesen sind und in der sauerstofflosen Schicht das organische Material zersetzen.

Wegen der vielen organischen Substanzen ist das Schlickwatt sehr nährstoffreich. Allerdings ist die obere, sauerstoffreiche Schicht nur wenige Milimeter stark.

Schlickwatt ist schmierig zwischen den Fingern und beim Wandern nicht zu verkennen, weil man mit jedem Schritt tief einsinkt.

Darüber hinaus gibt es in Deutschland noch einen weiteren Watttyp, der allerdings den meisten unbekannt ist: das **Felswatt**.

Das einzige Felswatt Deutschlands ist auf die Hochseeinsel Helgoland beschränkt. Es handelt sich dabei um den flachen Felssockel am Nordende der aus rotem Buntsandstein bestehenden Insel, der periodisch mit dem Wechsel von Ebbe und Flut trockenfällt. Mehrere hintereinander liegende Felsterrassen bieten je nach Überflutungsdauer unterschiedlichen Pflanzen und Tieren Lebensraum.

Besonders beeindruckend sind die bei Ebbe zurückbleibenden Gezeitentümpel, in denen man wie in einem Meerwasseraquarium skurrile und farbenprächtige Tiere wie Röhrenwürmer, Seeanemonen, Muscheln und Schnecken, Seeigel, Krebse und sogar Fische finden kann.

Die Felswand der 60 m hohen Langen Anna, Helgolands Wahrzeichen, bietet Seevögeln ausreichend Nist- und Ruheplätze. Sie beherbergt eine große Brutkolonie von Trottellummen und Dreizehenmöwen. Darüber hinaus brüten dort Tordalken, Eissturmvögel und Basstölpel (📷 Seite 51).

Helgolands Felswatt ist für Deutschland einzigartig. Es bietet Lebensraum für Tiere und Pflanzen, die sonst erst wieder an den Felsküsten Englands und Norwegens vorkommen.

Neben der Einteilung nach dem Bodentyp werden die Watten häufig noch anhand ihrer geografischen Lage unterschieden. Dabei teilt man die Typen in drei große Gruppen ein: Marine Watten, Brackwasserwatten und Süßwasserwatten.

Die **marinen Watten** sind die typischen Watten der Nordsee, die vom salzigen Meerwasser geprägt werden. Je nach ihrer Lage unterscheidet man **offene Watten**, die ohne einen Schutzwall aus Inseln oder Halligen zum Meer hin offen sind, wie z.B. die an der Wurster Küste gelegenen Wattengebiete zwischen Cuxhaven und Bremerhaven. **Rückseitenwatten** liegen hinter schützenden Inseln, höheren Sandbänken oder Halligen. Typisch hierfür ist z.B. das Watt hinter den ostfriesischen oder nordfriesischen Inseln. Wattgebiete in Buchten, wie z.B. im Jadebusen, nennt man **Buchtwatten**.

Brackwasserwatten, die auch Ästuarwatten genannt werden, sind durch die Mischung von Süß- und Seewasser gekennzeichnet. Wir finden sie im Bereich von Flussmündungen und weiter flussaufwärts bis zu der Grenze, wo sich das Seewasser nicht mehr mit dem Süßwasser mischt. Solche Brackwasserwatten kommen z.B. im Bereich der Weser- oder Elbmündung vor.

Ein ganz eigenständiger und seltener Watttyp sind die **Süßwasserwatten**. Dies sind Abschnitte in den Flusstälern, die bereits so weit im Binnenland liegen, dass sie nicht mehr vom Salzwasser des Meeres beeinflusst werden, also keine Brackwasserwatten mehr sind, aber doch noch nicht so weit im Binnenland liegen, dass sie nicht mehr dem Rhythmus von Ebbe und Flut ausgesetzt sind. Allerdings sind die Süßwasserwatten Europas durch Flussregulierungen und andere Strombaumaßnahmen praktisch verschwunden.

Einziges in Europa noch erhaltenes Süßwasserwatt ist das Heuckenlock am Nordufer der Süderelbe in Hamburg. Das bereits seit 1948 unter Naturschutz stehende Gebiet gilt als Hamburgs bedeutendstes Naturschutzgebiet und hat auch für Europa eine herausragende Bedeutung.

Zonierung des Watts

Wer sich auf einer Wattwanderung vom Festland in Richtung offenes Meer begibt, wird feststellen, dass das Wattenmeer einen bestimmten charakteristischen Aufbau mit verschiedenen Zonen hat, die alle ihren eigenen Lebensraum mit typischen Tier- und Pflanzenarten bilden.

Im Folgenden soll an einem fiktiven Beispiel die typische Zonierung des Wattenmeeres erläutert werden, wobei aber auch darauf hingewiesen werden muss, dass es natürlich etliche Abweichungen von der beschriebenen Abfolge geben kann.

Zum Binnenland hin wird das Meer in der Regel durch einen Deich abgeschottet, an den sich die **Salzwiese** anschließt. Je nach Dauer der Überflutung unterscheidet man im Allgemeinen Obere Salzwiese, Untere Salzwiese und Wattwiese. Während die Obere Salzwiese bis 1 m über dem mittleren Hochwasser liegt und nur selten überflutet wird, wird die Wattwiese regelmäßig und für längere Zeit überflutet. Dazwischen liegt die Untere Salzwiese. Natürlich sind die Übergänge zwischen den einzelnen Zonen fließend. Eine scharfe Grenze ist nur selten zu erkennen.

An die Salzwiese schließt sich das **offene Watt** an, das meist mit einer schmalen Zone Schlickwatt den Übergang zur Salzwiese bildet.

Den größten Teil der Watten bilden Misch- und Sandwatt, die mit verschiedenen Übergangsformen etwa 95 % der gesamten Wattflächen ausmachen. Zu diesem Watt gehören **Priele**, **Tiefs** und **Seegatts**, die etwa 1/3 der Fläche des gesamten Watts bedecken.

Noch weiter zum Meer hin stoßen wir dann auf **Inseln**, **Halligen** oder **Sände**, die das Watt zum offenen Meer abschotten. Auch hier finden wir wieder typische Zonierungen. Auf das Schlickwatt folgt die Salzwiese, die vom Deich oder den **Dünen** der Inseln oder der Warft der Halligen abgelöst wird.

Hinter den Inseln finden wir dann meist einen mehr oder weniger breiten **Strand**, der ins Meer abfällt. Ähnlich wie die Salzwiesen wird auch der Strand normalerweise nicht überflutet. Da der Sand des Strandes ständigen Ortsveränderungen durch Wind und Wasser ausgesetzt ist, kann sich hier keine geschlossene Pflanzendecke bilden. Innerhalb des Wattenmeeres ist wohl der Strand der Lebensraum mit den extremsten abiotischen Bedingungen, weshalb dort auch nur wenige Arten leben können.

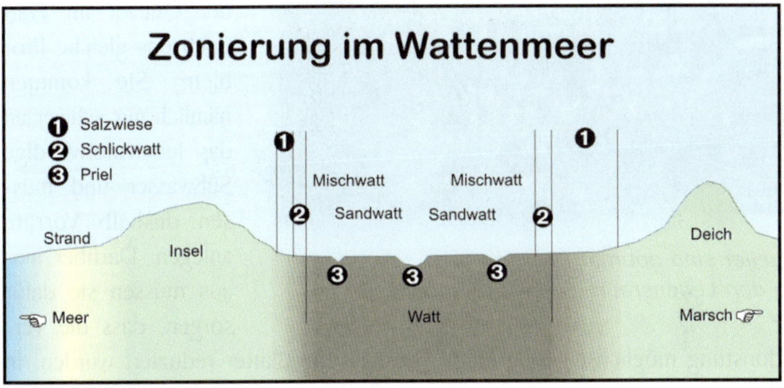

Salzwiesen

Salzwiesen entstehen in der Übergangszone zwischen Land und Watt. Sie bilden sich durch stetige Ablagerung von Sedimenten, wodurch der Boden langsam höher wird, bis er nur noch selten überflutet wird.

Für das Überleben der Pflanzen haben Dauer und Häufigkeit der Überflutungen entscheidende Bedeutung, denn Salzwasser ist für "normale" Pflanzen schädlich. Dementsprechend finden wir in den drei Zonen Wattwiese, Obere und Untere Salzwiese auch unterschiedliche Pflanzenarten. So gedeihen in der Wattwiese, die regelmäßig überflutet wird, nur noch typische Salzpflanzen, die sich wie der **Queller** vollständig an ein Leben unter dem Einfluss von Salzwasser angepasst haben und die ohne die ständige Überflutung nicht existieren könnten.

Der Queller hat derbe, fleischige Stängel und völlig reduzierte Blätter. Er gehört, wie die Kakteen der Wüste, zu den sog. Stammsukkulenten, die große Mengen Wasser in ihren Sprossen speichern können.

Queller sind optimal an den Lebensraum Salzwiese angepasst

Und wenn es auch auf den ersten Blick nicht so aussehen mag, haben die Kakteen in der Wüste und der Queller im Watt doch das gleiche Problem: Sie kommen nämlich nur schwer an das lebensnotwendige Süßwasser und müssen deshalb Vorräte anlegen. Darüber hinaus müssen sie dafür sorgen, dass die Verdunstung möglichst gering bleibt, weshalb die Blätter reduziert wurden. In der Unteren Salzwiese finden wir Arten, die wie der Strandbeifuß oder die Salzmiere salzliebend sind. Die Pflanzen in der Oberen Salzwiese sind an gelegentliche Überflutungen angepasst. Hierzu gehören z.B. die Strandnelke, die Strandaster oder der Strandflieder.

Salzmiere findet man in der unteren Salzwiese

Alle Salzwiesenpflanzen, zu denen man etwa 60 Arten zählt, haben ganz spezielle Anpassungen an das Leben mit dem Meerwasser entwickelt. Das können z.B. Härchen oder Drüsen sein, in denen das Salz gesammelt wird und die einfach abgeworfen werden, wenn sie gefüllt sind, oder aus denen das Salz aktiv ausgeschieden wird.

Die Strand-Grasnelke
findet man in der oberen Salzwiese

Insgesamt ist die Lebensgemeinschaft Salzwiese hochspezialisiert. Verschiedene Tier- und Pflanzenarten sind aufeinander angewiesen und kommen in dieser Kombination auch nur hier vor. So kann z.B. der Strandfliederrüsselkäfer nur auf seiner Wirtspflanze dem Strandflieder leben. Insgesamt sind etwa 400 Insektenarten auf die 25 häufigsten Salzwiesenpflanzen angewiesen. Genaue Zahlen kennt man von der Strandaster, auf der 25 Insektenarten leben.

Strandflieder
wächst in der oberen Salzwiese

Große Bedeutung hat die Salzwiese auch für die Vogelwelt. Enten, Gänse und eine ganze Reihe von Watvögeln, wie z.B. der Rotschenkel, finden hier Nahrung und Brutplätze. Deshalb dürfen Besucher auch die zugelassenen Wege unter keinen Umständen verlassen. Eier und Jungvögel sind so gut getarnt, dass man sie nur schwer oder überhaupt nicht auf dem Boden entdecken kann. Außerdem fliehen die Jungvögel nicht vor dem Menschen, sondern ducken sich lediglich. Ein unbedachter Schritt auf ein Ei oder einen Jungvogel bedeutet den sicheren Tod des Ungeborenen oder des Kükens.

Gefährdet sind die Salzwiesen u.a. durch Eindeichung und vor allem Beweidung. Deshalb wird auch vielerorts die Beweidung mehr oder weniger eingeschränkt.

Halligen und Inseln

Inseln, Halligen und Außensände sind für den Küstenschutz von immenser Bedeutung. Sie bilden sozusagen die erste Vorhut im Kampf gegen die heranbrandenden Wellen. An diesem Bollwerk wird bereits ein Großteil der Energie vernichtet oder umgelenkt und gelangt gar nicht mehr bis an die Deiche. Ein Beispiel mag dies belegen: Während eines Sturmtages wurden an den Außensänden noch Wellenhöhen von über 8 m gemessen, die sich bis zum Deich auf nur noch 1,5 m verringerten.

Die Bewohner der Halligen bauen ihre Häuser auf Warften (hier: Hamburger Hallig)

Die vorgelagerten Inseln, Halligen und Außensände dienen als natürliche Barriere, die nicht nur die Deiche und damit das Festland, sondern auch das Wattenmeer selbst schützen. Nur wer das weiß, kann verstehen, warum z.B. die Halligen mit großem finanziellem und ideellem Aufwand gegen jede vordergründige wirtschaftliche Vernunft erhalten werden.

Die mehr oder weniger verstreut im Wattenmeer liegenden Nordfriesischen Inseln und Halligen sind Reste einer früheren Marschlandschaft (☞ Karte im Kapitel Entstehung des Wattenmeeres). Die ostfriesischen Inseln von Borkum im Westen bis Wangerooge im Osten, die ordentlich wie an einer Perlenschnur aufgereiht sind, sind dagegen Düneninseln, die aus Außensänden entstanden sind und später verlandeten.

Während im gesamten Bereich des deutschen sowie des niederländischen und dänischen Wattenmeers verschiedene Inseln der Küste vorgelagert sind, sind Halligen eine Spezialität der nordfriesischen Küste.

Von Weitem sehen die Halligen wie winzige Erhebungen im sonst brettebenen Wattenmeer aus. Das Zentrum wird von den Warften gebildet, künstlich aufgeschüttete, etwa 5 m hohe Erdhügel. Auf den Warften stehen die Häuser der Bewohner. Drumherum finden sich Salzwiesen. Bei höheren Fluten, insbesondere Sturmfluten, melden die Halligen "Landunter". Dann ragen nur noch die Warften mit den Gebäuden aus dem Meer.

Hallig Habel, mit nur 7 ha die kleinste Hallig und relativ flach, wird durchschnittlich 60 Mal im Jahr von Sturmfluten überspült. Der einzige Bewohner der Hallig, der Vogelwart des Vereins Jordsand, ist dann von der Außenwelt völlig abgeschnitten. Dagegen wird die Hallig Langeneß, die mit 1.070 ha und einer Länge von etwa 10 km bei einer Breite von bis zu 2 km die größte unter den Halligen ist, nur bis zu 20 Mal im Jahr überflutet.

Die Entstehung der Halligen hat unterschiedliche Ursachen. Die beiden küstennahen Halligen Nordstrandischmoor und Hamburger Hallig sind übrig

Die Hallig Nordstrandischmoor ist per Bahn zu erreichen

gebliebene Landreste. Die weit außen liegende Hallig Norderoog ist ein ehemaliges Dünengelände, das aus Außensänden entstanden ist und durch Schlickauflagerungen im Laufe der Zeit größer geworden ist. Die anderen Halligen sind Neuauflandungen, die während verschiedener Sturmfluten entstanden sind.

Im Vergleich zu früher gibt es heute nur noch wenige Halligen im nordfriesischen Wattenmeer. Verschiedene Quellen berichten, dass es im 17. Jahrhundert mehr als 50 dieser Landschaftselemente gegeben haben soll. Auf einer Karte vom Anfang des 17. Jahrhunderts sind 24 Halligen eingezeichnet. Man nimmt an, dass die Gesamtfläche der Halligen bis zu 10.000 ha betragen hat, während es die heute noch erhaltenen 10 Halligen nur noch auf gut 2.000 ha bringen.

Leuchtturm

Das Leben der Halligbewohner ist nicht einfach. Auf vieles, was den Festlandsbewohnern selbstverständlich ist, müssen sie verzichten. Oft sind sie tagelang, im Winter manchmal sogar wochenlang von der Außenwelt abgeschnitten. Jede Besorgung und jeder Besuch auf dem Festland bedeutet, eine kleine Reise zu unternehmen, die genau mit den Hoch- und Niedrigwasserzeiten abgestimmt sein muss. Ein Aufgeben der Halligen kommt aber nicht in

Frage, denn ohne die Bewohner wären sie auf Dauer nicht zu erhalten und mit ihnen ginge ein wichtiges Glied in der Kette des Küstenschutzes verloren.

Dünen

Die Dünen bestehen aus Sand, der durch Wind oder Wellen herangetragen wird. Wie fast alles in dem überaus dynamischen System Wattenmeer unterliegen auch sie einer ständigen Veränderung. Der fast immer stetig von Westen wehende Wind und die meist ebenfalls von Westen kommenden Wellen transportieren große Mengen Sand nach Osten. Dadurch verlagern sich die Dünen der großen Inseln im ostfriesischen Wattenmeer und sogar die Inseln selbst immer weiter Richtung Osten.

Befestigt werden die Dünen von besonders spezialisierten Dünengräsern wie z.B. Strandhafer, Strandweizen oder Strandroggen. Die Pflanzen haben entweder tief reichende Pfahlwurzeln oder weit verzweigte Wurzeln und Ausläufer, damit sie sich auch bei Starkwind im lockeren Sand halten können. Darüber hinaus haben sie besonders feste, derbe Blätter und Stängel, damit ihnen die feinen Sandkörnchen, die bei Wind wie ein Sandstrahlgebläse wirken, nichts anhaben können. Werden sie vom Sand zugeschüttet, wachsen sie einfach nach oben wieder heraus. Diese Pflanzen haben sich so sehr an den Lebensraum Sanddüne angepasst, dass sie nur hier leben können.

Aber auch einigen Tieren bieten die Dünen Lebensraum. So brüten z.B. Brandgänse bevorzugt im Bereich der Dünen.

Da die Dünen nicht nur eine Funktion im ökologischen Gefüge des Wattenmeeres haben, sondern auch wichtig für den Küstenschutz sind, weil sie eine Art natürlichen Wellenbrecher bilden, ist es ganz besonders gefährlich, die Dünen selbst oder ihren Bewuchs zu beeinträchtigen oder gar zu zerstören.

Priele und Tiefs

Priele und Tiefs sind elementare Landschaftselemente des Wattenmeeres. Sie bedecken etwa ein Drittel der gesamten Fläche. Von oben betrachtet handelt es sich dabei um ein fein verästeltes System von kleinen bis großen Wasseradern, die bei Ebbe das Watt entwässern, während bei Flut das Meerwasser in ihnen langsam aufsteigt. Der bekannte Spruch vieler Wattführer, dass bei Flut die Bäche im Watt aufwärts fließen, wird dann unmittelbar sichtbar.

Priele fangen ganz klein als winzige Rinnsale an, vereinigen sich dann zu schmalen Bächen, die größer werden und schließlich in die breiten Sammelpriele oder Baljen münden, in denen große Strömungsgeschwindigkeiten herrschen, die auch bei Ebbe normalerweise nicht leerlaufen und die schließlich in der offenen See enden.

Priel im Watt bei Cuxhaven, mit Blick auf die Insel Neuwerk

Die Priele verändern mit jeder Tide ein wenig die Form und ihren Verlauf durchs Watt. Sie folgen dem Gefälle und suchen sich den leichtesten Weg, wobei sie festere Bereiche umfließen und den weicheren Sedimenten folgen. Dadurch entsteht der typische, stark mäandrierende Verlauf der Priele.

Wer sich während einer Wattwanderung einen Priel genauer ansieht, dem wird die immer wiederkehrende Form der Ufer in den Bereichen der Kurven auffallen. Der sog. **Gleithang** ist flach. Er besteht aus abgelagerten Sanden. Das Wasser fließt hier nur mit mäßiger Geschwindigkeit. Auf der Seite gegenüber finden wir den sog. **Prallhang**. Wie der Name schon sagt, "prallt" hier das Wasser mit größerer Geschwindigkeit gegen den Hang. Das Ufer, in dem man eine deutliche Schichtung des Bodens erkennen kann, ist steil. Immer wieder unterhöhlt das Wasser den Uferbereich, bis einzelne Schollen ins Wasser stürzen, sich dort auflösen und fortgeschwemmt werden. Während der Gleithang im Laufe der Zeit immer größer wird, unterliegt der Prallhang einer ständigen Erosion. Beide Prozesse bewirken, dass sich der Priel langsam einen anderen Weg durchs Watt sucht.

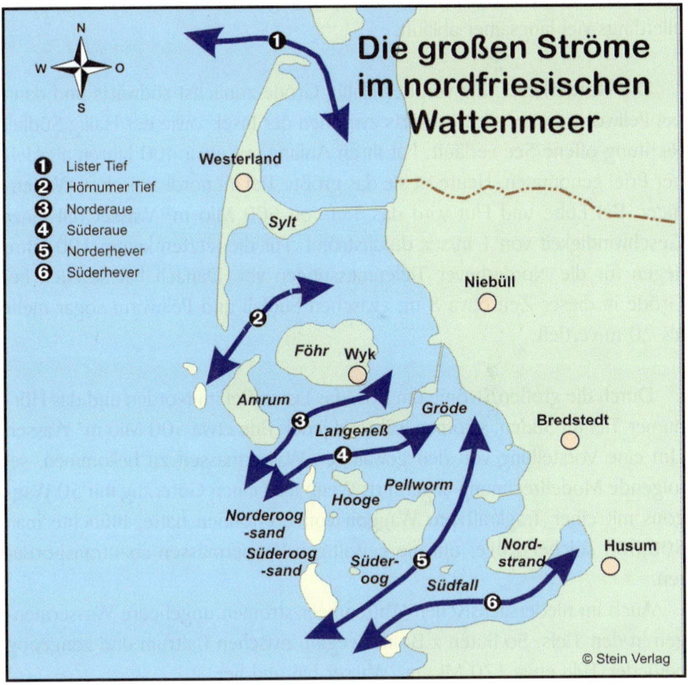

Während viele Priele im Laufe des Tidenzyklus trockenfallen oder nur noch so wenig Wasser führen, dass man sie durchwaten kann, führen die großen **Tiefs** oder **Seegatts** ständig Wasser. Bei ihnen handelt es sich um große, bis zu 25 m tiefe, oft mit ortsveränderlichen Sandbänken durchsetzte Rinnen im Boden des Wattenmeeres, die durch gewaltige, tidenabhängige Strömungen verursacht werden. Sie finden sich häufig zwischen den Inseln, Sanden und Halligen, wo durch die Landmasse das strömende Wasser auf einen schmaleren Durchfluss eingeengt wird.

Tiefs und Seegatts werden teilweise als Schifffahrtswege oder für die Fischerei genutzt. Meist benutzt man den Begriff Seegatt im Zusammenhang mit dem Durchlass zwischen den Inseln, während man mit Baljen oft diejenigen Tiefs meint, die einen Süßwasserzufluss aus dem Binnenland haben. Auch sie sind, wie die Priele, einem ständigen Wechsel unterworfen, der allerdings viel langsamer abläuft.

Die **Norderhever**, die von der Hallig Gröde zunächst südwärts und dann bei Pellworm weiter südwestwärts zwischen der Insel sowie der Hallig Südfall Richtung offene See verläuft, hat ihren Anfang vor etwa 400 Jahren als kleiner Priel genommen. Heute ist sie das größte Tief im nordfriesischen Wattenmeer. Bei Ebbe und Flut wird das Tief von 600 Mio m^3 Wasser mit einer Geschwindigkeit von 1 m/sec durchströmt. Für die letzten knapp 100 Jahre liegen für die Norderhever Tiefenmessungen vor. Danach hat sie sich bei Gröde in dieser Zeit etwa 8 m, zwischen Südfall und Pellworm sogar mehr als 20 m vertieft.

Durch die großen Ströme um Sylt, das Lister Tief im Norden und das Hörnumer Tief im Süden, strömen während jeder Tide etwa 500 Mio m^3 Wasser. Um eine Vorstellung von den gewaltigen Wassermassen zu bekommen, sei folgende Modellrechnung angeführt: Wenn man einen Güterzug mit 50 Waggons mit einer Tragkraft pro Waggon von 20 Tonnen hätte, bräuchte man 500.000 solcher Züge, um die gewaltigen Wassermassen abzutransportieren.

Auch im niedersächsischen Wattenmeer strömen ungeheure Wassermengen in den Tiefs. So fluten z.B. im Seegatt zwischen Baltrum und Langeoog bei jeder Tide etwa 170 Mio m^3 Wasser hin und her.

Wind

Wie wir bereits weiter oben gesehen haben, kann der Wind erheblich dazu beitragen, dass das Wasser bei Flut höher aufläuft als normal. Ein Umstand, den Wattwanderer für die eigene Sicherheit unbedingt beachten müssen, denn schnell kann der Rückweg durch höher und schneller auflaufendes Wasser abgeschnitten sein. Daher ist es für jeden Wattwanderer wichtig, sich über Richtung und Stärke des Windes und seine Auswirkungen auf ablaufendes oder auflaufendes Wasser im Klaren zu sein.

Die Windstärke wird in verschiedenen Einheiten gemessen. Am bekanntesten ist die vom englischen Admiral Beaufort im Jahre 1806 eingeführte Skala, die Windstärken von 0 bis 12 aufweist. Zur Verdeutlichung der einzelnen Windstärken sind in der folgenden Tabelle die Werte mit leicht sichtbaren Erscheinungen in der Natur bzw. auf See in Zusammenhang gebracht worden.

Beaufort	Bezeichnung	Land	See
0	Windstille	Keine Luftbewegung, Rauch steigt senkrecht auf	Spiegelglatte See
1	Leiser Windzug	Wind nur an ziehendem Rauch erkennbar	Kleine, schuppenförmige Kräuselwellen ohne Schaumkämme
2	Leichte Brise	Wind im Gesicht fühlbar	Kleine, kurze Wellen, die Wellenkämme brechen noch nicht
3	Schwache Brise	Blätter bewegen sich, leichte Wimpel werden gestreckt	Die Wellenkämme beginnen sich zu brechen, nur ganz vereinzelt weiße Schaumköpfe
4	Mäßige Brise	Kleine Zweige bewegen sich, schwerere Wimpel werden gestreckt	Die Wellen werden länger, sind aber noch relativ klein, weiße Schaumköpfe schon relativ häufig

Beaufort	Bezeichnung	Land	See
5	Frische Brise	Größere Zweige werden bewegt, der Wind im Gesicht wird unangenehm	Mäßige Wellen mit langer Form, überall weiße Schaumkämme, vereinzelt Gischt
6	Starker Wind	Große Zweige werden bewegt	Große Wellen, Wellenkämme brechen und hinterlassen größere Schaumflächen, teilweise Gischt
7	Steifer Wind	Schwächere Bäume werden bewegt, beim Gehen gegen den Wind fühlbarer Widerstand	See türmt sich auf, der Schaum beginnt sich in Windrichtung zu legen
8	Stürmischer Wind	Große Bäume werden bewegt, Zweige brechen ab, Gehen fällt schwer	Relativ hohe Wellenberge mit sehr langen Kämmen, von denen Gischt abweht, Schaum legt sich in Streifen in Windrichtung
9	Sturm	Leichte Gegenstände werden aus ihrer Lage gebracht, Schäden an Dächern	Hohe Wellenberge, dichte Schaumstreifen in Windrichtung, erste Beeinträchtigung der Sicht durch Gischt
10	Schwerer Sturm	Bäume werden entwurzelt, Häuser beschädigt	Sehr hohe Wellenberge mit langen, überbrechenden Kämmen, See durch Schaum weiß, Sicht wird durch Gischt beeinträchtigt
11	Orkanartiger Sturm	Schwere Sturmschäden	Außergewöhnlich hohe Wellenberge, Kanten der Wellenkämme werden zu Gischt zerblasen, Sicht herabgesetzt
12	Orkan	schwerste Verwüstungen	Luft ist mit Schaum und Gischt gefüllt, See ist weiß, Sicht stark herabgesetzt, keine Fernsicht mehr

Neben der Beaufort-Skala werden heute aber mehr und mehr andere Einheiten verwendet, die zur besseren Orientierung in folgender Tabelle gegenübergestellt sind:

Beaufort	m/sec	km/h	Knoten
0	< 0,5	< 1,9	< 1
1	0,5 - 1,8	1,9 - 6,4	1 - 3
2	1,9 - 3,3	6,5 - 12,0	4 - 6
3	3,4 - 5,4	12,1 - 19,4	7 - 10
4	5,5 - 7,9	19,5 - 28,7	11 - 15
5	8,0 - 11,0	28,8 - 39,8	16 - 21
6	11,1 - 14,1	39,9 - 50,9	22 - 27
7	14,2 - 17,2	51,0 - 62,0	28 - 33
8	17,3 - 20,8	62,1 - 75,0	34 - 40
9	20,9 - 24,4	75,1 - 87,9	41 - 47
10	24,5 - 28,5	88,0 - 102,8	48 - 55
11	28,6 - 32,6	102,9 - 117,6	56 - 63
12	> 32,6	> 117,6	> 64

Buchtipps

Werner K. Lahmann
Deutsche Nationalparks I
OutdoorHandbuch Band 269
Der Weg ist das Ziel
Conrad Stein Verlag
ISBN 978-3-86686-269-2

Werner K. Lahmann
Deutsche Nationalparks II
OutdoorHandbuch Band 268
Der Weg ist das Ziel
Conrad Stein Verlag
ISBN 978-3-86686-268-5

Flora und Fauna

Austernfischer im Flug

Es gibt eine Vielzahl von Tieren und Pflanzen, die sich auf die besonderen Lebensbedingungen im Watt spezialisiert haben und sich in vielen Dingen an diesen Lebensraum angepasst haben. Diese Lebewesen zeichnen sich vor allem dadurch aus, dass sie

- ▷ mit dem Wechsel von Überflutung und Trockenheit,
- ▷ mit sich ständig ändernden Salzkonzentrationen und
- ▷ Temperaturen sowie
- ▷ Bewegungen des Bodens und Wassers leben können.

Umgekehrt bedeutet diese extreme Spezialisierung aber auch, dass diese Arten in einem "normalen" Lebensraum nicht mehr überleben könnten. Sie sind auf die extremen Lebensbedingungen im Watt angewiesen und würden aussterben, wenn das Watt verschwinden würde.

Aus dem oben Gesagten müsste man eigentlich schließen, dass das Watt sehr individuenarm ist und über keine große Biomasseproduktion verfügt. Das Gegenteil ist aber der Fall. Denn das Watt gehört trotz dieser "unwirtlichen" Lebensbedingungen für Pflanzen und Tiere zu den produktivsten Lebensräumen der Erde überhaupt. Dies liegt vor allem daran, dass das Nahrungsangebot fast unbegrenzt ist. Mit jeder Flut wird neue Nahrung angeschwemmt.

Im Folgenden sollen einige Pflanzen und Tiere des Watts vorgestellt werden. Natürlich können im Rahmen dieses Buches nicht alle Lebewesen, die hier vorkommen oder als Gäste anzutreffen sind, behandelt werden. Dazu würde der Platz nicht ausreichen. Hier sei auf die vielen diesbezüglichen Sachbücher verwiesen (☞ Literaturhinweise).

Deshalb wird hier ein besonderes Augenmerk auf die Arten und Tiergruppen gelegt, die der Wattwanderer auf seinen Touren durch das Watt sehen kann, von denen er Spuren findet oder die auf andere Weise besonders interessant sind. Dabei muss es sich aber nicht immer zwangsläufig um Arten handeln, die auch im Watt leben, weil häufig auch Pflanzen und Tiere oder deren Produkte angespült werden, die weit draußen in der offenen Nordsee leben.

Meeressäugetiere

Zu den Erlebnissen der besonderen Art gehört es für den Wattwanderer sicher, wenn er auf einer seiner Touren **Seehunde**, die sich auf einer Sandbank sonnen, zu Gesicht bekommt.

Seehunde sind an Land sehr störungsempfindlich. Bei Annäherung des Menschen oder auch eines Hundes fliehen sie sofort ins Wasser. Dies hat vor allem für Jungtiere schwerwiegende Folgen, die auf der Sandbank gesäugt werden müssen, weil die ohnehin nur kurze Säugezeit noch weiter reduziert wird. Fliehen die Tiere ins Wasser ist für die Jungen wieder eine Mahlzeit ausgefallen. Das Jungtier bekommt nicht mehr genug Nahrung und verkümmert. Vielfach reißt durch die schnelle Flucht sogar die noch nicht ganz verheilte Nabelwunde wieder auf, wodurch Nabelentzündungen entstehen können, die oft tödlich verlaufen. Auch aus eigenem Interesse sollten Sie sich nicht zu weit nähern, denn wenn die Seehunde erst einmal ins Wasser geflohen sind, können Sie sie nicht mehr beobachten. Deshalb nehmen Sie ein Fernglas mit und **halten Sie einen Abstand von mindestens 500 m zu den Seehundsbänken ein**.

Der Seehund (*Phoca vitulina*) ist das bedeutendste Säugetier im Wattenmeer. Hier findet er nicht nur ein großes Nahrungsangebot, sondern auch Möglichkeiten zum Gebären, Säugen und Haarwechsel. Den größten Teil des Jahres verbringt er in der offenen Nordsee, um dort Fische, vor allem Flundern und Schollen, aber auch Krebse und Weichtiere zu fangen. Er ist ein geschickter Schwimmer, kann über 25 Minuten unter Wasser bleiben und fast 100 m tief tauchen. An Land sind die eleganten Gleiter dagegen sehr unbeholfen und robben nur mühsam über den Sand. Dennoch müssen sie im Sommer für eine gewisse Zeit den festen Boden aufsuchen, um ihre Jungen zur Welt zu bringen, sie zu säugen, sich zu paaren und das Fell zu wechseln.

Im Juni und Juli bringen die Weibchen nach einer Tragzeit von 11 Monaten bei Ebbe auf einer Sandbank meist ein, manchmal auch zwei Junge zur Welt, die bereits ein dichtes Fell haben und sehfähig sind. Die gut 10 kg schweren Jungtiere können schon kurz nach der Geburt schwimmen und tauchen. Gesäugt werden sie aber nur bei Niedrigwasser auf einer Sandbank.

Während des kurzen zur Verfügung stehenden Zeitraumes müssen sich die Jungtiere schnell ein Fettpolster antrinken, das sie vor dem kalten Wasser schützt und als Reserve dient. Nach sechs bis acht Wochen müssen sie bereits selbstständig sein, weil sich dann die Mutter von ihnen trennt. Zu diesem Zeitpunkt haben sie ihr Gewicht bereits verdreifacht. Ausgewachsene Seehunde können bis zu 2 m lang werden und erreichen ein Gewicht von 100 kg.

Junge Seehunde wecken unseren Beschützerinstinkt

Wie bei vielen Tieren so ist auch bei den Seehunden die Jugendphase die gefährlichste. Man schätzt, dass nur etwa 60 % der neugeborenen Seehunde das nächste Lebensjahr erreichen. Deshalb ist es ganz besonders wichtig, die Tiere auf ihren Sandbänken in Ruhe zu lassen und sie nicht zu stören. Wenn ein Seehund erst einmal die gefährliche Jugendzeit überstanden hat, dann bestehen gute Aussichten, dass er das Höchstalter von etwa 20 Jahren erreicht.

Erwachsene Seehunde sind wenig stimmfreudig, ab und zu kann man vielleicht ein kurzes, "klagendes" Bellen vernehmen. Jungtiere, die von der Mutter getrennt sind, geben dagegen dumpfe, klagende Heullaute von sich, die weit zu hören sind und dem Tier den Namen **"Heuler"** eingebracht haben. Diese Rufe dienen der Kommunikation mit der Mutter, die möglicherweise gerade ins Wasser geflohen ist, weil sie den sich nähernden Wanderer gesehen hatte.

Halten Sie auch hier einen Abstand von mindestens 500 m ein und nähern sie sich nicht dem Tier, damit die Mutter wieder zurückkommen kann. Auf keinen Fall dürfen Sie den Heuler anfassen oder sogar mitnehmen. Das verstößt gegen geltendes Recht (Wilderei). Wenn Sie den Eindruck haben, dass das Tier auf Dauer von seiner Mutter verlassen wurde, benachrichtigen Sie die nächstgelegene Nationalparkeinrichtung bzw. Gemeinde- oder Kurverwaltung, die dann die richtigen Schritte einleiten werden. Allerdings benötigen die meisten Seehundbabys, die als Heuler einen kläglichen Eindruck machen, keiner menschlichen Hilfe. Wenn die meist durch den Menschen verursachte Störung beseitigt ist, kehrt die Mutter in der Regel nach kurzer Zeit zurück.

Ein weiterer Meeressäuger, den man ab und zu im Wattenmeer beobachten kann, ist der **Schweinswal** oder **Kleine Tümmler** (*Phocoena phocoena*). Allerdings kommen die Wale, anders als die Seehunde, nie an Land. Paarung, Geburt und Säugen erfolgen im Wasser. Bei der Geburt kommt das knapp 1 m lange Junge mit dem Schwanz voran zur Welt. Gleich nach dem Erscheinen des Kopfes schwimmt es zur Wasseroberfläche, um zu atmen. Wie die Seehunde auch, haben die zu den Säugetieren gehörenden Wale keine Kiemen und können deshalb nicht unter Wasser atmen. Besonders nach der Geburt im Sommer halten sich Mutter und Kind gern in den etwas flacheren Regionen des Wattenmeeres auf.

📖 **Wale beobachten** von Fabian Ritter, OutdoorHandbuch Basiswissen für draußen Band 25, Conrad Stein Verlag, ISBN 978-3-86686-025-4, € 8,90

Auch Schweinswale sind sehr scheu und schreckhaft, weshalb man bei ihnen ebenfalls einen Sicherheitsabstand von mindestens 500 m einhalten sollte. Schweinswale können sich, wie andere Walarten oder z.B. Fledermäuse auch, in ihrer Umgebung auf akustischem Weg mit Hilfe von Ultraschall-Lauten orientieren. Diese Orientierung kann z.B. durch den Lärm von Motorbooten gestört werden.

Basstölpel

Vögel

Wer auch nur einen flüchtigen Blick, z.B. von einem Deich aus, auf das Wattenmeer wirft, wird gleich erkennen, dass es im Vergleich mit anderen Lebensräumen eine außergewöhnliche Artenfülle und Individuenzahl beherbergt. So sind hier regelmäßig 80 verschiedene Vogelarten zu beobachten, die das ganze Jahr über im Wattenmeer leben oder hier einen Teil des Jahres als Sommer- oder Wintergast bzw. Durchzügler verbringen. Beeindruckend sind die Bilder von gewaltigen Vogelschwärmen, die den Himmel verdüstern, wenn sie über einen hinwegziehen, die riesigen Brutkolonien oder die bis zu 200.000 Brandgänse, die im Sommer in einem eng umgrenzten Bereich des Wattenmeeres ihr Federkleid wechseln. Beeindruckend ist es aber auch, das Verhalten einzelner Vögel, z.B. beim Nahrungserwerb oder der Balz, zu beobachten. Und da bietet das Watt für den Beobachter ideale Voraussetzungen, weil die Landschaft offen ist und die interessanten Abläufe nicht, wie z.B. oft im Wald, hinter einem dichten Blätterwald verborgen bleiben.

Ausgerüstet mit einem guten Fernglas kann man aus sicherer Entfernung eine Vielzahl interessanter Beobachtungen machen und viel über das Leben und Verhalten der Vögel im Wattenmeer erfahren.

Im Folgenden sollen, geordnet nach der Funktion, die das Wattenmeer für die Vögel erfüllt, die wesentlichen Arten erwähnt werden. Beachtet werden muss dabei aber, dass sich die Natur nicht immer an starre, von uns aufgestellte Kategorien hält. So kann es z.B. durchaus vorkommen, dass man einen Vogel, der in die Kategorie Durchzügler eingeordnet wurde, im Winter dennoch im Wattenmeer antrifft, obwohl er sich eigentlich viel weiter im Süden aufhalten sollte. Dies liegt einfach daran, dass ein Teil der Population auch im Wattenmeer überwintert.

Brutvögel

Als **Brutgebiet** hat das Wattenmeer eine sehr große Bedeutung für die Vogelwelt. So gehen Ornithologen davon aus, dass ca. 400.000 Paare aus über 30 verschiedenen Arten ihr Brutgeschäft in dieser Region verrichten. Wichtigste Brutbereiche sind die Salzwiesen und die störungsarmen Vordünen der Strandinseln und der Strand selbst.

Einer der auffälligsten und häufigsten Brutvögel ist sicher der **Austernfischer** (*Haematopus ostralegus*), der zu der großen Gruppe der Watvögel (Limicolen) gehört. Der schwarz-weiße, relativ große Vogel mit roten Beinen und orange-rotem Schnabel ist leicht zu erkennen. Er gehört auch zu den lautesten Vögeln an unseren Küsten. Fast immer und überall ist sein schrilles, durchdringendes Rufen zu hören. Sein Name deutet zwar auf eine Vorliebe für Muscheln hin, dennoch fressen längst nicht alle Austerfischer Muscheln. Vielmehr haben sich interessanterweise unterschiedliche Nahrungsgewohnheiten herausgebildet. So ernähren sich einige Tiere fast ausschließlich von Würmern, andere von Strandkrabben und wieder andere von Muscheln. Der Schnabel ist in seiner Form als Werkzeug der jeweiligen Ernährungsweise mehr oder weniger gut angepasst. Und da er beim Stochern im Boden oder Aufstemmen von Muscheln schnell abnutzt, wächst er im Monat um einen beachtlichen Zentimeter nach. Austernfischer brüten an offenen Standorten. Ihren Nistplatz legen sie oft auf etwas erhöhten Stellen in Dünen oder Wiesen an. Das Nest selbst besteht nur aus einer flachen Bodensenke, die ungepolstert ist und höchstens mit einigen Steinchen, Muschelresten oder Pflanzenstücken ausgelegt wird. Austernfischer sollen sehr treu sein. Man hat beobachtet, dass sie über viele Jahre mit demselben Partner zusammenleben. Und sie erreichen ein erstaunlich hohes Alter. Ein auf Mellum 1927 als Jungvogel beringter Austernfischer wurde dort nach 36 Jahren am 4. Juni 1963 auf einem Nest als brütender Altvogel wieder gefangen.

Austernfischer

Unverkennbar ist der **Stelzenläufer** (*Himantopus himantopus*) mit seinen extrem langen, dünnen, roten Beinen, die im Fluge fast 20 cm über den Schwanz hinausragen. An seinem langen, nach oben gebogenen Schnabel ist auch sofort der taubengroße, auffallend kontrastreich schwarz-weiß gefärbte **Säbelschnäbler** (*Recurvirostra avosetta*) zu erkennen. Mit seinem Schnabel säbelt er bei der Nahrungssuche im flachen Wasser hin und her. Wie manche andere Vögel auch haben Säbelschnäbler eine interessante Variante entwickelt, ihr Gelege und die Jungen zu schützen. Nähert sich ein Feind, tut der Altvogel so, als hätte er sich einen Flügel gebrochen und könnte nicht mehr richtig fliegen. Laufend und kurze Strecken flatternd lockt er so den Störenfried von Nest oder Jungvogel fort. Ist er weit genug vom Nest oder dem Jungen entfernt, erhebt er sich in die Lüfte und lässt einen verdutzten Verfolger zurück.

Ebenfalls zu den Watvögeln zählt die große Gruppe der Regenpfeifer, von denen der weit verbreitete **Sandregenpfeifer** (*Charadrius hiaticula*) sowie der **Seeregenpfeifer** (*Charadrius alexandrinus*) im Wattenmeer brüten. Die etwa starengroßen Vögel, die sich mit Vorliebe am Strand in der Nähe der Wasserlinie aufhalten, erkennt man an ihren charakteristischen Bewegungen. Sie rennen mit schnellen Schritten und stoppen plötzlich abrupt ab. Der Körper wird waagerecht gehalten und bleibt beim Laufen ganz ruhig. Die Bewegung ihrer Beine ist so schnell, dass man sie kaum sehen kann.

Sandregenpfeifer am Strand

Rotschenkel haben eine sehr markante Stimme

Den amselgroßen **Rotschenkel** (*Tringa totanus*) erkennt man am besten an seiner Stimme. Er ruft wohltönend mit am Ende sanft verklingender Stimme "tjü, tjü" und bei Alarm pausenlos "tjik, tjik". Im Fluge erkennt man ihn an dem breiten, weißen Flügelhinterrand und dem hellen Bürzel. Beine und Schnabel sind auffallend orangerot.

Den Kiebitz erkennt man leicht an seinem Schopf

Der bekannteste Regenpfeifer ist wohl der **Kiebitz** (*Vanellus vanellus*), den man leicht an seinem Schopf, dem charakteristischen Flug mit dem dabei erzeugten Fluggeräusch und seinem lauten Ruf, der wie "kie-witt" klingt, erkennt. Der Kiebitz war früher auch im Binnenland auf kurzrasigen Wiesen, Marschen und Sümpfen weit verbreitet, wird dort aber wegen der Zerstörung seiner Lebensräume mehr und mehr zurückgedrängt und findet nun in den Salzwiesen des Wattenmeeres ein Rückzugsgebiet.

Die vertrautesten Küstenvögel, die bei uns brüten, sind für viele sicher die Möwen, die in verschiedenen Arten vorkommen. Sie gehören zum Meer wie das Salz in der Suppe. Häufigste Großmöwe ist die **Silbermöwe** (*Larus argentatus*), deren Bestand in den letzten Jahrzehnten stark zugenommen hat und noch immer im Wachsen begriffen ist. Dies liegt wohl vor allem daran, dass die Möwe als Kulturfolger in der Wahl ihrer Nahrung nicht sehr anspruchsvoll ist. Sie frisst praktisch alles, was sie bewältigen kann und entdeckt: Eier, Jungvögel, verschiedene Meerestiere und Nahrungsreste aller Art. Deshalb findet man sie auch in großer Zahl auf Müllkippen oder in den Fischereihäfen, wo sie sich von Abfällen ernähren. Das dürfte auch ihr Erfolgsrezept sein. Denn durch die Möglichkeit, in nahrungsarmen Zeiten, wie z.B. im Winter, auf andere Nahrungsquellen ausweichen zu können, kann sie diese Hungerperioden ohne größere Verluste überstehen.

Silbermöwen brüten meist in großen Kolonien, die mehr als tausend Paare umfassen können. Das Nest besteht aus einer mit Pflanzenmaterial ausgepolsterten Vertiefung. Männchen und Weibchen brüten gemeinsam und ziehen auch die Jungen zu zweit auf. Sie verteidigen ihr Gelege und die Jungen mit großer Energie. Wer bewusst oder auch nur aus Versehen in die Nähe eines Nestes gelangt, der wird durch Sturzangriffe vertrieben. Sollte das nicht reichen, wird der Eindringling auch schon mal gezielt mit Kot bespritzt, eine übelriechende Angelegenheit. Letztes Mittel im Kampf gegen den Eindringling sind gezielte Schnabelhiebe, die manchmal sogar zu blutenden Wunden führen.

Aufmerksame Wanderer finden im Gelände von Zeit zu Zeit kleine rundliche bis länglich ovale Kugeln, die aus den Resten von Muschelschalen und anderen unverdaulichen Dingen bestehen. Obwohl einige Möwen gelernt haben, Muscheln zu knacken, indem sie sie aus größerer Höhe auf einen Stein fallen lassen, fressen die meisten Möwen die Muscheln im ganzen und mit der Schale.

Speiballen einer Möwe neben einer Quellerpflanze

Die unverdaulichen Reste dieser Malzeiten werden dann als sog. **Speiballen** wieder ausgewürgt und belasten damit nicht ihr Darmsystem.

Da Silbermöwen andere Seevögel durch Brutplatzkonkurrenz und Raub von Eiern oder auch Jungvögeln stellenweise verdrängen, versucht man seit mehr als 50 Jahren durch sog. Bestandslenkungsmaßnahmen das ungehinderte Wachstum der Silbermöwen-Populationen zu verhindern.

Gipseier werden zur Brutkontrolle bei Möwen eingesetzt

Dazu zerstörte man die Gelege oder sammelte die Eier ab, tötete die Embryonen durch Schütteln oder Anstechen der Eier, tauschte die Eier gegen Gipseier aus, vergiftete oder erschoss sogar Altvögel oder veränderte ihre Brutbiotope.

Manche dieser Maßnahmen erwiesen sich als Querschläger. So legen die Möwen nach dem Zerstören der Gelege oder Absammeln der Eier erneut und brüten ein zweites Mal. Den durch die zweite Brut deutlich erhöhten Energiebedarf der Altvögel decken sie nun auf Kosten anderer Arten, z.B. durch den Raub von Eiern oder Jungvögeln.

Inzwischen wird auch mehr und mehr die Frage aufgeworfen, ob Bestandslenkungsmaßnahmen durch den Menschen überhaupt sinnvoll sind und ob man in Zukunft ganz darauf verzichten sollte.

Zu den bei uns lebenden Großmöwen gehören auch noch die **Heringsmöwen** (*Larus fuscus*), die mit der Silbermöwe Bastarde bilden und manchmal nur schwer zu unterscheiden sind und die seltene **Mantelmöwe** (*Larus marinus*), die ein sehr dunkles, fast schwarzes Gefieder hat und die größte der bei uns lebenden Möwen ist.

Zu den Kleinmöwen gehören die Lach-, Sturm- und Dreizehenmöwe sowie die seltenen Zwergmöwen. Die **Lachmöwe** (*Larus ridibunda*) ist die kleinste bei uns brütende Möwe. Im Brutkleid erkennt man sie leicht an der schokoladenbraunen Kapuze, die sich im Gegensatz zur Zwergmöwe nicht bis in den Nacken erstreckt. Lachmöwen brüten an einer Vielzahl offener Standorte direkt an Gewässern oder in deren Nähe sowohl im Binnenland als auch an der Küste. Im Wattenmeer bevorzugen sie die Salzwiesen und flachen Küsteninseln. Sie brüten ebenfalls in größeren Kolonien, die bis zu tausend Paare umfassen können. Etwa im April kann man die interessante Balz der Tiere beobachten, die aus einer Reihe charakteristischer Bewegungen besteht, die auch Scheinangriffe einschließen. Interessant ist auch die Tatsache, dass die älteren Vögel ihre Nester im sicheren Zentrum der Kolonie anlegen, während die jüngeren mit den weit weniger geschützten Plätzen am Rande vorliebnehmen müssen.

Lachmöwe

Lachmöwen lernen schnell, dass an bestimmten Plätzen vom Menschen keine Gefahr ausgeht. Das kann jeder beobachten, der diesen Tiere einmal an Orten zugeschaut hat, an denen sie von Touristen gefüttert werden. Schon nach kurzer Zeit legen sie die Scheu vor dem Menschen ab und kommen im Fluge so nahe, dass sie nach Brotwürfeln schnappen können, die zwischen den Fingern hochgehalten werden.

Im Übrigen haben sie ihren Namen wohl nicht wegen ihres rauen Rufs erhalten, der wahrlich nicht an unser Lachen erinnert, sondern weil sie an Wasserlachen brüten.

In die nähere Verwandtschaft der Möwen zählen auch die Seeschwalben, die grazilen kleinen Möwen ähneln und sehr elegant und wendig fliegen. Interessant ist ihr Beutefangverhalten: Im gezielten Sturzflug stürzen sie sich ins Wasser von Prielen und Tiefs, um ihre Beute, in der Regel kleine Fische, zu fangen. Auch sie sind Koloniebrüter und legen ihre Nester immer auf dem flachen Boden an. Oft werden die Nester aber so nah am Wasser angelegt, dass sie von den Frühjahrshochwässern fortgespült werden und das Weibchen nochmals Eier legen muss. Mit dem zweiten Gelege haben die Vögel dann meist mehr Glück.

Die männliche Seeschwalbe füttert bei der Balz das Weibchen mit Fisch

Am häufigsten trifft man bei uns die **Küstenseeschwalbe** (*Sterna paradisaea*) an. Sie ist leicht mit der sehr ähnlichen und gleich großen **Flussseeschwalbe** (*Sterna hirundo*) zu verwechseln. Einziges Unterscheidungsmerkmal im Feld ist die schwarze Schnabelspitze der Flussseeschwalbe. Hinzu kommt noch, dass beide Arten häufig in gemeinsamen Kolonien, auch mit anderen Möwen zusammen, brüten. Die größte der bei uns vorkommenden Seeschwalben ist die **Brandseeschwalbe** (*Sterna sandvicensis*). Sie hat etwa die Größe einer Lachmöwe. Die kleinste Art ist die **Zwergseeschwalbe** (*Sterna albifrons*), die sofort an der weißen Stirn und dem gelben Schnabel mit der schwarzen Spitze zu erkennen ist.

Im Gegensatz zu ihren großen Verwandten verbringen Seeschwalben nur den Sommer bei uns. Die ausdauernden Flieger sind echte Langstreckenzieher. Einige Küstenseeschwalben brüten im hohen Norden nicht weit vom Pol entfernt. Im Winter ziehen sie weit in die Antarktis in den Süden. Sie erhalten mehr Licht als jedes andere Tier der Erde. Für mehr als acht Monate geht bei ihnen die Sonne nie unter.

Die nordamerikanischen Küstenseeschwalben halten den Langstreckenrekord im Fliegen. Sie ziehen zum Überwintern zunächst über den Atlantik nach Europa und fliegen dann an der europäischen und afrikanischen Küste weiter südwärts bis in die Antarktis. Einem nicht unerheblichen Teil von ihnen ist der Weg aber wohl noch nicht lang genug. Sie kreuzen zwischen Westafrika und Brasilien erneut den Atlantik und ziehen dann in Südamerika weiter in den tiefen Süden. Man hat errechnet, dass diese Vögel für Hin- und Rückflug auf bis zu 40.000 km kommen. Das ist absoluter Weltrekord.

Auch für einige Arten aus der großen Gruppe der Enten ist das Wattenmeer wichtiges Brutgebiet. Die häufigste Meerente ist die **Eiderente** (*Somateria mollissima*). Die Männchen sind unverkennbar. Sie sind die einzigen Enten, die oben weiß und unten schwarz gefärbt sind. Auffallend ist auch der grüne Fleck am Hinterkopf. Darüber hinaus sind sie relativ groß und haben ein lang gestrecktes Kopfprofil, woran auch das mit einer, wie bei allen Entenweibchen, unscheinbaren Tarnfärbung versehene Weibchen zu erkennen ist. Wer große schwarz-weiße oder scheckig braune Enten auf dem Meer sieht, kann in der Regel davon ausgehen, dass es sich um Eiderenten handelt.

Einer der häufigsten Vögel des Wattenmeeres ist die **Brandgans** oder **Brandente** (*Tadorna tadorna*). Brandgänse lassen sich systematisch nur schwer einordnen. Im Körperbau stehen sie den Enten nahe, im Verhalten eher den Gänsen. Zu keinen passt sie ganz, von beiden hat sie etwas, was ja auch durch die beiden gebräuchlichen deutschen Namen zum Ausdruck kommt. Brandgänse fallen durch ihre kontrastreiche Färbung auf. Der Kopf ist dunkelgrün, der Hals weiß. Ein braunes Brustband umfasst den weißen Körper, der durch die dunklen Hinterflügel noch kontrastreicher wirkt. Auffallend ist beim Männchen der Höcker an der Wurzel des Oberschnabels.

Wie bei den Gänsen, aber anders als bei Enten, besitzen die Weibchen keine unscheinbare Tarnfärbung, sondern sehen genauso bunt und auffallend aus wie ihre männlichen Kollegen. Dies mag mit der unterschiedlichen Brutbiologie zu tun haben. Während Enten ihr Gelege mehr oder weniger ungeschützt in der Landschaft ausbrüten und sich durch die Tarnfärbung vor Feinden zu schützen versuchen, brüten Brandgänse in Erdhöhlen. Tief unter der Erde, in alten Kaninchen- und manchmal sogar Fuchsbauten, hocken sie auf den Eiern und sind so für ihre Feinde unsichtbar.

Wer Brandgänse genauer beobachtet wird schnell feststellen, dass Männchen und Weibchen über unterschiedliche Rufe verfügen. Das unterscheidet sie von den Gänsen. Bei denen haben Männchen und Weibchen die gleichen Rufe, während sie bei Enten wiederum verschieden sind.

Durchzügler

Das Wattenmeer ist die wichtigste **Raststation** der Zugvögel, die im hohen Norden von Kanada über Grönland, Island, das nördliche Skandinavien, Spitzbergen bis zu den sibirischen Eismeerinseln brüten. Sie stammen aus einem Einzugsgebiet, das um ein Vielfaches größer ist als das Wattenmeer selbst und konzentrieren sich hier auf engem Raum.

Gegen Ende des Sommers verlassen sie ihre Brutgebiete und machen sich auf den Weg nach Afrika, um dort zu überwintern. Ohne die ausgedehnte Rast mit ausgiebiger Nahrungsaufnahme im Wattenmeer könnten die Vögel den langen Flug nicht überstehen. Das gleiche gilt für den Rückflug im Frühjahr. In dieser Zeit kommt noch hinzu, dass sie sich ein Fettpolster anfressen, von dem sie während des anstrengenden Brutgeschäftes im Norden zehren können.

Für viele Vögel, die im hohen Norden ihr Brutgeschäft verrichten, bildet das Wattenmeer die Existenzgrundlage. Würde es verschwinden, müssten auch diese Vögel sterben. Dabei handelt es sich um eine erstaunlich große Anzahl von Tieren. Regelmäßige Vogelzählungen haben ergeben, dass im

Wattenmeer während der Zugzeiten (März/April sowie August bis Oktober) in Schleswig-Holstein bis zu 1,3 Millionen, in den Niederlanden bis zu einer Million und in Dänemark sowie in Niedersachsen jeweils bis zu einer halben Million Vögel gleichzeitig rasten. Zählt man alle Vögel zusammen, die das Watt innerhalb eines Jahres besuchen, so kommt man auf eine Zahl von 10 bis 12 Millionen.

Das Erkennen der Durchzügler ist oftmals sehr schwierig, weil sie sich sehr ähneln und meist nur in ihrem Ruhekleid zu sehen sind. Der häufigste kleine Watvogel ist der etwa starengroße **Alpenstrandläufer** (*Calidris alpina*). Mit ihnen vergesellschaftet sind oftmals die etwas größeren, plump wirkenden **Knutts** (*Calidris canutus*). Sie vollführen in Schwärmen von 50.000 und mehr Tieren ihre typischen Schwenkflüge, die jeden Zuschauer begeistern. Dabei zeigen sie, wie auf ein geheimes Kommando hin, abwechselnd ihre hellen Bauchseiten und dann wieder die dunklen Rückenseiten. Es ist schon faszinierend, eine solche "lebende Wolke" zu beobachten, die ohne ersichtlichen Grund ständig von hell nach dunkel wechselt. Unverständlich ist auch, wie die Flieger bei den gewagten Flugmanövern in den dichten Schwärmen ohne Kollisionen zurechtkommen. Knutts können sehr schnell fliegen. Auf dem Zuge erreichen sie Spitzengeschwindigkeiten von 80 km/h und mehr. Da sie auch ausdauernd sind, können sie ohne Unterbrechung Strecken von mehreren tausend Kilometern zurücklegen.

Zu den Durchzüglern gehört auch der **Sanderling** (*Calidris alba*), der nur wenig größer als der Alpenstrandläufer wird. Er rennt mit schnellen Trippelschritten an der Wasserkante mit den Wellen um die Wette. Nähert sich ein Wanderer, flüchtet er lieber zu Fuß, als seine Flügel zu gebrauchen.

Auf dem Zuge kommt auch der **Große Brachvogel** (*Numenius arquata*) im Wattenmeer vor. Der größte europäische Limicole ist sofort an seinem langen, nach unten gebogenen Schnabel zu erkennen. Er hat eine eindrucksvolle, melodische Stimme, die weit und oft zu hören ist und zu den schönsten Vogelstimmen unserer Heimat zählt.

Nah verwandt mit dem weiter oben beschriebenen Rotschenkel, der bei uns brütet, ist der **Grünschenkel** (*Tringa nebularia*). Er ist etwas größer und heller als der Rotschenkel, hat einen längeren Schnabel und, wie sein Name schon vermuten lässt, grüne Beine.

Auch der in der Tundra brütende **Steinwälzer** (*Arenaria interpres*) lässt sich auf dem Zuge im Wattenmeer blicken. Der amselgroße Vogel hat eine auffallend kontrastreiche, schwarz-weiße Kopf- und Brustpartie und einen sehr kurzen Schnabel. Er dreht bei der Nahrungssuche mit seinem etwas nach oben gebogenen Schnabel Steine und Muscheln um, um die darunter zum Vorschein kommenden Wirbellosen zu verzehren.

Die Ringelgans ist die kleinste der Meeresgänse

Wintergäste und Sommergäste

Das im Winter relativ milde, atlantisch geprägte Klima führt dazu, dass sich einige Vögel gar nicht weiter in den Süden aufmachen, sondern gleich hier im Wattenmeer überwintern. Sie sparen den energiezehrenden weiten Flug, erkaufen sich diesen Vorteil aber dadurch, dass sie mehr für ihre Nahrung tun müssen, weil der Tisch im Winter auch im Wattenmeer nicht so reich gedeckt ist, wie zu anderen Zeiten.

Zu diesen regelmäßig anzutreffenden Überwinterern gehören z.B. Brandgänse und Eiderenten, Rotschenkel und Alpenstrandläufer. Aber auch die Meeresgänse **Ringelgans** (*Branta bernicla*) und **Nonnengans** (*Branta leucopsis*).

Von der sibirischen Rasse der Ringelgans überwintert z.B. der halbe Weltbestand im Bereich des deutschen Wattenmeeres.

Die Gänse werden für manchen Landwirt zur Plage, weil sie in riesigen Scharen auf das Grünland einfallen und in großen Mengen Gras fressen, das den Bauern dann nicht als Futter zur Verfügung steht. Man geht davon aus, dass etwa 5 Gänse so viel fressen wie ein Schaf. Allein nach Nordfriesland kommen, inkl. der Durchzügler, bis zu 85.000 Gänse, die damit ebenso viel vertilgen, wie es 17.000 Schafe tun würden. Allerdings muss man den Gänsen zu Gute halten, und damit relativiert sich die Rechnung, dass sie einen Teil ihrer Nahrung auch durch Pflanzen decken, die von Schafen nicht gefressen werden.

Nonnengänse

Neben den Wintergästen gibt es auch eine Reihe von nordischen Vogelarten, die wegen des reichen Nahrungsangebotes den Sommer im Wattenmeer verbringen. Dazu gehört z.B. der weiter oben bereits beschriebene Alpenstrandläufer.

Mauserplätze

Die Federn der Vögel sind sehr leicht und fein gebaut, nutzen entsprechend ab und müssen daher von Zeit zu Zeit erneuert werden. Bei einigen Vögeln, wie z.B. bei der Brandgans und vielen Watvögeln, erfolgt die Erneuerung des Großgefieders in einem kurzen Zeitraum von nur wenigen Wochen. In dieser Zeit der **Mauser** sind die Vögel weitgehend flugunfähig.

Für viele Vogelarten ist das Wattenmeer das wichtigste **Mauserzentrum** überhaupt, denn es bietet ihnen zwei wichtige Grundvoraussetzungen: Hier finden sie einerseits ausreichend Nahrung, ohne große Strecken zurücklegen zu müssen, um die sehr viel Energie kostende Neuproduktion der Federn durchzuführen. Andererseits sind sie durch die mehr oder weniger unzugängliche Lage der Mauserplätze auf Inseln oder Sandbänken vor Feinden recht gut geschützt. Denn anders als in der übrigen Zeit können sie sich ja nicht durch einen Flug in Sicherheit bringen.

Wir wichtig das Wattenmeer dabei für viele Arten ist, zeigt z.B. die spektakuläre **Massenmauser** der **Brandgänse** im Gebiet der Elbmündung zwischen Trischen und Scharhörn. Im Sommer zwischen Juli und September wechselt hier die gesamte nordwesteuropäische Population ihr Gefieder. Fast 200.000 flugunfähige Brandgänse halten sich zu dieser Zeit im Gebiet auf.

Fische

Obwohl das Wattenmeer einen großen Fischreichtum mit vielen unterschiedlichen Arten bietet, wird der Wanderer im Watt nur in den seltensten Fällen ausgewachsene Fische zu Gesicht bekommen. Dies liegt daran, dass sie sich meist in den tieferen Prielen und Tiefs aufhalten. Die Chance, Jungfische oder irgendwelche Hinweise auf ausgewachsene Fische zu finden, ist dagegen relativ groß.

Wer verschiedene im Watt lebende Fische sehen möchte, sollte einen der zahlreichen Kutterhäfen besuchen. Krabbenfischer bringen meist einen ganz ansehnlichen Beifang verschiedener Fischarten mit in den Hafen und sind gern bereit, wenn es ihre Zeit erlaubt, Auskunft über die Fische zu geben. Darüber hinaus kann man ihnen die Fische auch abkaufen und nach dem genauen

Kutterhafen

Studium der Tiere, die meistens gute Speisefische sind, ein leckeres Menü zubereiten.

Im deutschen Teil des Wattenmeeres wurden etwa 70 verschiedene Fischarten nachgewiesen, wovon 20 regelmäßig im Gebiet zu finden sind, während sich die übrigen als zufällige Gäste erwiesen.

Es gibt Fische, die ihr ganzes Leben im Wattenmeer verbringen, die sog. **Standfische**, und **Saisongäste**, die sich nur zu bestimmten Jahreszeiten oder Lebensphasen hier aufhalten.

Standfische

Zu den Standfischen gehört beispielsweise der kleine, maximal 30 cm lang werdende **Butterfisch** (*Pholis gunnellus*), der im Wattenmeer recht häufig ist und bei Ebbe manchmal in trockengefallenem Tang zu finden ist. Er wird fischereilich nicht genutzt, ist allerdings eine wichtige Nahrungsgrundlage für andere Fischarten. Auch die nahe verwandte **Aalmutter** (*Zoarces viviparus*) gehört zu den häufigen Grundfischen der Seegrasregion an flachen Küsten. Sie ist einer der standorttreuesten Fische, die wir kennen. Wie aus ihrem wissenschaftlichen Artnamen schon hervorgeht, ist die Aalmutter lebendgebärend.

Ein gefräßiger Räuber ist der bizarr aussehende **Seeskorpion** (*Myoxocephalus scorpius*), der von Fischern auch Knurrhahn genannt wird, weil er beim Herausnehmen aus dem Wasser durch Muskelkontraktionen knurrende Geräusche erzeugt, aber nichts mit den echten Knurrhähnen zu tun hat.

Als letzter Standfisch sei die höchstens 7 cm lang werdende **Strandgrundel** (*Gobius microps*) genannt, die auf die sandigen Flachwasserbereiche begrenzt ist. Strandgrundeln leben häufig mit Garnelen in Gesellschaft.

Da im Wattenmeer durch Ebbe und Flut starke Strömungen herrschen, die frei im Wasser schwebende (pelagische) Eier in ungünstige Bereiche verdriften könnten, heften die meisten hier lebenden Fischarten ihren Laich an mehr oder weniger ortsfestem Substrat wie z.B. Muschelschalen, Seegras oder Algen an. Manche Arten haben sogar einfache Formen der Brutpflege entwickelt. Die Aalmuttern haben den Schutz der Eier noch weiter getrieben. Sie bringen fertig entwickelte Jungfische zur Welt, die gleich nach der Geburt schwimmfähig sind.

Saisongäste

Ein echter Saisongast ist die als Schwarmfisch im flachen Küstengewässer lebende **Flunder** oder **Graubutt** (*Pleuronectes flesus*), die auch als Speisefisch eine gewisse Rolle spielt. Die nachtaktiven Tiere liegen tagsüber eingegraben im Sandboden. Im Winter ziehen die geschlechtsreifen Tiere in tieferes und salzhaltigeres Wasser der Nordsee, um dort von Januar bis in den Mai hinein zu laichen. Ein Weibchen legt dabei bis zu 2 Millionen Eier ab.

Fische, die zum Laichen ins Süßwasser der Flüsse aufsteigen, nennt man anadrome Wanderfische. Auch von ihnen gibt es verschiedene Arten, die im Wattenmeer leben. Als Beispiel sei hier die **Finte** (*Alosa fallax*) genannt, ein relativ seltener, heringsartiger Fisch, der nur in die Unterläufe der Flüsse eindringt und selten über die Gezeitenzone aufwärts.

Auch der **Hornhecht** (*Belone belone*) gehört zu den Fischen, die saisonweise im Wattenmeer leben. Die kalte Jahreszeit verbringt er im offenen Meer, wo die Wassertemperaturen deutlich höher sind, als in den schnell auskühlenden Flachwasserbereichen. Von April bis Mai wandern die bis zu 50 cm langen Fische in die Nähe der Küsten und legen dort an Wasserpflanzen die mit klebrigen Haftfäden versehenen Eier ab. Hornhechte sind sehr gute Schwimmer. Werden sie von Räubern verfolgt, springen sie auf der Flucht oft weit aus dem Wasser heraus.

Beim **Stichling** (*Gasterosteus aculeatus*) und beim **Stint** (*Osmerus eperlanus*) ist es genau umgekehrt. Diese beiden Arten leben im Sommer in den Flussmündungen und halten sich im Winter im Wattenmeer auf.

Zu den Saisongästen zählt man oft auch die Arten, die sich während einer **bestimmten Lebensphase** im Watt aufhalten. Hierzu gehören z.B. so wichtige Speisefische wie **Hering**, **Sprotte**, **Scholle** oder **Seezunge**, die hier alle zumindest einen Teil ihrer Jugendentwicklung vollziehen, so dass das Wattenmeer für diese Fische als "Kinderstube" gelten kann.

Alle diese Arten verbringen ihr Erwachsenenleben in der offenen Nordsee. Zum Laichen kommen sie an traditionelle Laichplätze in der Deutschen Bucht oder im nördlichen Ärmelkanal. Von dort verdriften die frei schwebenden Eier und sich entwickelnden Larven ins Wattenmeer, wo sie das reiche Nahrungsangebot zum Wachsen nutzen können. Während sich Hering und

Sprotte nur einen Sommer lang im Wattenmeer aufhalten, leben Schollen und Seezungen bis zu drei Jahre dort, bevor sie in die offene Nordsee einwandern.

Obwohl die Jungfische dieser Arten auch in allen anderen Küstengewässern der Nordsee vorkommen, spielt das Wattenmeer als Aufzuchtgebiet für diese wichtigen Speisefische doch eine übergeordnete Rolle. Dies wird am Beispiel der Plattfische Scholle und Seezunge deutlich. Vom gesamten Bestand dieser Arten in der Nordsee wachsen bis zu 80 % im Wattenmeer bis zum adulten Tier heran.

Aufmerksame Beobachter werden beim Wattwandern häufiger vor allem auf junge Schollen treffen, die sich während des Niedrigwassers in kleinen Watttümpeln im Sand versteckt aufhalten. Man kann sie zwar zunächst nicht sehen, da sie mit einer Schicht Sand bedeckt und darüber hinaus in der Färbung perfekt an den Untergrund angepasst sind. Wenn man ihnen jedoch beim Wandern zu nahe kommt und unbeabsichtigt einen Fuß dicht neben ihnen aufsetzt, verändern sie blitzschnell ihren Standort und für einen kurzen Moment werden sie sichtbar.

Interessant ist die Tatsache, dass sich junge Schollen und Seezungen aus Konkurrenzgründen aus dem Weg gehen. Während sich die Scholle eher im Sandwatt aufhält, verbringt die Seezunge die meiste Zeit im Schlickwatt.

Wenn eingangs davon gesprochen wurde, dass man auch Hinweise auf ausgewachsene Fische beim Wandern im Watt entdecken kann, dann sei hier auf die Haie und Rochen hingewiesen, die zu den Knorpelfischen gehören und nur entfernt verwandt mit den oben besprochenen Knochenfischen sind. Ihr Skelett besteht, wie der Name schon vermuten lässt, aus Knorpel.

Haie und Rochen legen ihre Eier in charakteristischen Eikapseln ab. Die leeren Kapseln kann man oft massenweise an den Stränden finden. Besonders häufig sind die Eikapseln des **Nagelrochen** (*Raja clavata*). Die etwa 4 x 6 cm großen, flachen Hüllen haben an jeder Ecke hohle, hornartige Fortsätze. Die fast schwarzen Kapseln werden in manchen Gegenden als Seemäuse oder Seespiegel bezeichnet. Etwas seltener findet man die leeren Kapseln des **Kleingefleckten Katzenhais** (*Scyliorhinus canicula*). Sie sind gelblich-braun. Darüber hinaus sind die Fortsätze an den Ecken zu spiraligen Haftfäden verlängert.

So viel zu den Wirbeltieren, den größten Anteil an der Tierwelt des Wattenmeers macht die Gruppe wirbelloser Tiere aus.

Krebse

Krebse gehören zu den Tieren, denen die meisten Wattwanderer eher reserviert und mit etwas Respekt gegenüberstehen. Dies liegt wohl an den drohend gespreizten Scheren, die sie dem neugierigen Betrachter entgegenstrecken. Allerdings sind alle im Watt lebenden Krebse ungefährlich. Man kann sich von ihnen bedenkenlos kneifen lassen.

Halb vergraben lauert der Krebs auf Beute

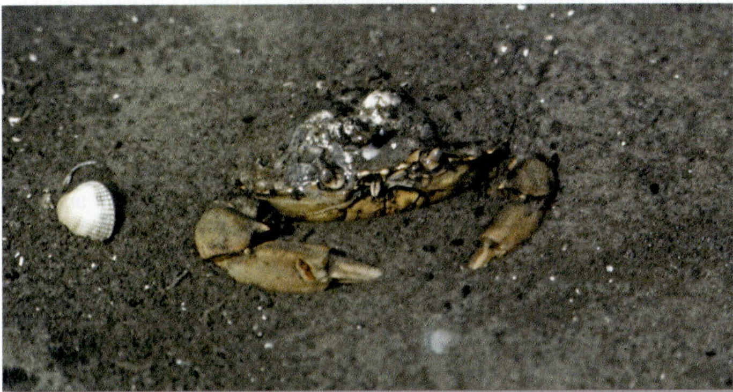

Es gibt eine Reihe unterschiedlicher Arten mit verschiedener Form, Größe und Lebensweise im Wattenmeer. Allen gemein ist eine deutliche innere und äußere Segmentierung sowie das starre Außenskelett.

Weltweit sind etwa 25.000 Arten bekannt. Die meisten davon leben im Meer. Darunter viele kleine Arten, die nur mit der Lupe oder unter einem Mikroskop zu betrachten sind. Sie machen einen großen Teil des Planktons aus, sind damit wichtige Glieder im Nahrungsnetz und indirekt auch für die menschliche Ernährung von großer Bedeutung. Einige Arten, wie z.B. die Nordseegarnelen, haben es sogar so weit gebracht, als Delikatesse zu gelten, woraus ein ganzer Industriezweig entstanden ist, der vielen Menschen nicht nur an der Küste Arbeit gibt.

Im Folgenden werden einige wenige Arten beschrieben, die der Wanderer im Watt häufiger antreffen kann.

Ganz eigenartige Krebse sind die Rankenfüßer, die nur von wenigen als Krebse erkannt werden. Häufigster Rankenfüßer ist bei uns die **Gemeine Seepocke** (*Balanus balanoides*). Wie die anderen Rankenfüßer auch, sind sie fest mit dem Untergrund verbunden. Schon im Larvenstadium setzen sich die Tiere mit Hilfe von am Kopf sitzenden Klebdrüsen am Substrat fest. Von diesem Zeitpunkt an können sie sich nicht mehr von ihrem Ort fortbewegen.

Seepocken leben in einem aus mehreren Platten zusammengesetzten Schalengehäuse, das an einen kleinen Vulkan erinnert. Der Krater wird von 6 Mantelplatten gebildet, die Krateröffnung von 2 Platten verschlossen. Der Durchmesser der grauweißen Schale liegt zwischen 5 und 15 mm.

Unter Wasser werden die Verschlussplatten geöffnet und die gefiederten Fangbeine (Rankenfüße) herausgestreckt, um Plankton herbeizustrudeln. Bei Gefahr oder wenn der Krebs trockenfällt, wird die Öffnung einfach verschlossen.

Seepocken findet man im Watt häufig auf Muschelschalen oder anderem angespültem Hartsubstrat und lassen sich nur sehr schwer davon ablösen.

Wenden wir uns nun den "richtigen" Krebsen zu, die auch von Laien gleich als solche erkannt werden. Da ist als allererstes die **Garnele** (*Crangon crangon*) zu nennen, die im Volksmund einfach als **Krabbe** bezeichnet wird, obwohl der langschwänzige Krebs im biologischen Sinn keine Krabbe ist. Die Garnele gehört zu den Zehnfußkrebsen (Decapoda). Von ihren ursprünglich acht Brustbeinpaaren sind die vorderen drei im Laufe der Evolution zu Kieferfüßen umgewandelt worden, die nun nicht mehr der Fortbewegung, sondern dem Nahrungserwerb dienen.

Die Krebse mit dem lang gestreckten Körper und den langen Fühlern kann man mit ruhigem Gewissen als ein Charaktertier des Wattenmeeres bezeichnen, das uns überall an der Küste begegnet. Garnelen werden massenhaft gefangen, in jedem kleinen Fischereihafen angelandet und in den meisten Restaurants in verschiedenen Variationen als Delikatessen angeboten. Wer mit nackten Füßen und Beinen durch die Watttümpel watet, kann sie leicht spüren: Wie mit vielen feinen Nadeln wird die Haut von den Tierchen gereizt, die in wilder, ungeordneter Flucht vor dem Menschen gegen Füße und Beine prallen.

Die Männchen der Garnele sind meist etwas kleiner als die Weibchen, die eine Größe von etwa 7 cm und manchmal sogar mehr erreichen können. Ihre

Färbung ist der Umgebung angepasst Meist sind sie durchscheinend grau, grünlich oder gelblich. Ihre schöne rosa Färbung erhalten sie erst nach dem Kochen in Salzwasser. Zur Laichzeit tragen die Weibchen große Mengen meist schwarzer Eier zwischen den fünf Laufbeinpaaren.

Garnelen schmecken frisch am besten und lassen sich so auch am besten schälen. Die frischeste Ware erhalten Sie direkt von den gerade eingelaufenen Krabbenkuttern oder in den Verkaufsstellen der Häfen. Nach dem Löschen des Fanges werden die Tiere maschinell sortiert, wobei zu kleine Tiere ausgesondert werden. Bei diesem Vorgang wird den Garnelen ein Konservierungsstoff zugesetzt. Wer wirklich frische, nicht konservierte Krabben will, sollte sie direkt von den Fischern an Bord der Kutter kaufen.

Relativ häufig findet man leere Panzer der **Strandkrabbe** (*Carcinus mediterraneus*), die entweder von Möwen erwischt worden sind, die den Panzer geknackt und das Innere verspeist haben, oder Häutungsreste sind. Das starre Außenskelett der Krebse kann nämlich nicht mitwachsen und so müssen die Tiere von Zeit zu Zeit "aus ihrer Haut fahren", um wachsen zu können. Nach der Häutung ist der neue Panzer zunächst für einige Zeit noch sehr weich. In dieser Phase dehnt er sich aus. Allerdings sind die Tiere dann auch mehr oder weniger ungeschützt Angriffen ihrer Feinde, z.B. Möwen, ausgesetzt.

Der meist graugrüne oder braune Panzer der Strandkrabben wird bis zu 6 cm lang. An den vorderen Seiten ist er fünffach gezähnt. Lebende Tiere findet man oft in Prielen. Wegen ihrer Eigenart, sich seitwärts fortzubewegen, wird die Strandkrabbe von den Küstenbewohnern "Dwarslöper", was so viel wie Querläufer bedeutet, genannt.

Eine ganz ungewöhnliche Lebensweise haben die **Einsiedlerkrebse** (*Pagurus prideauxi*) entwickelt, von denen es an unseren Küsten nur eine Art gibt. Sie verbringen nämlich die meiste Zeit ihres Lebens in leeren Schneckengehäusen. Deshalb kann ihr lang gestreckter Hinterleib weichhäutig sein. Um gut in das Gehäuse zu passen, ist er spiralig gekrümmt. Einsiedlerkrebse verlassen ihr Gehäuse nur nach der Häutung, um in eine größere Wohnung umzuziehen. Darüber hinaus müssen auch die eiertragenden Weibchen ab und zu das schützende Gehäuse verlassen, um die Eier mit genügend frischem Wasser zu versorgen oder den Larven das Schlüpfen zu ermöglichen. Junge Einsiedlerkrebse leben oft in großer Zahl in der Gezeitenzone in Gehäusen der Strandschnecke, der Kreiselschnecke oder der Reusenschnecke. Wenn sie größer werden, gehen sie in tieferes Wasser und suchen sich dann meist die leeren Gehäusen der Wellhornschnecke als Unterkunft.

Noch eine weitere Besonderheit macht den Einsiedlerkrebs interessant. Er lebt nämlich manchmal mit Seeanemonen in einer Art lockerer Symbiose, von der beide Tiere profitieren. Die Anemone schützt den Krebs zusätzlich und partizipiert dafür an seiner Nahrung.

An ruhigen Tagen, wenn kaum Wind weht, kann man im Watt ein eigenartiges Geräusch, das sog. Wattknistern oder Wattsingen vernehmen. Es wird durch den **Wattkrebs** (*Corophium volutator*), der auch **Schlickkrebs** genannt wird, verursacht. Die knapp 1 cm lang werdenden, zu den Flohkrebsen gehörenden Tiere wohnen in selbstgegrabenen, U-förmigen, meist 3 bis 4 cm tiefen Röhren, die mit einem schleimigen Sekret ausgekleidet sind. Beim Heranholen von Nahrung rings um die Röhrenmündung spreizen sie ihre Antennen, wobei das dazwischenliegende Wasserhäutchen platzt und ein leises Geräusch entsteht. Da die Wattkrebse in ungeheurer Zahl - man hat pro m^2 bis zu 40.000 Tiere gezählt - vorkommen, verdichtet sich das einzelne, sonst kaum zu vernehmende Geräusch eines Tieres zu dem charakteristischen Wattsingen.

Man kann das Vorhandensein von Wattkrebsen auch aus ihren Spuren schließen: Beim Abfegen des Diatomeenrasens von der obersten Bodenschicht entstehen von der Röhrenöffnung ausgehende, sternförmige Spuren, die einen Durchmesser von etwa 1 cm haben. Darüber hinaus verschließt er nach dem Ablaufen des Wassers seine Wohnröhre mit einem Schlickklümpchen.

Stachelhäuter

Seeigel und Seesterne gehören zum Tierstamm der Stachelhäuter (Echinodermata), einer Gruppe sehr hochorganisierter Tiere, auch wenn sie auf den ersten Blick eher den Eindruck erwecken, einfach gebaute Tiere zu sein. Angespülte Seeigel und Seesterne finden sich häufig im Flutsaum, getrocknete in fast jedem Souvenirgeschäft.

Häufigster Seestern ist der bis zu 30 cm Durchmesser erreichende **Gemeine Seestern** (*Asterias rubens*), der meist fünf Arme hat. Er ernährt sich vor allem von Miesmuscheln, die er auf höchst originelle Art und Weise öffnet und dann außerhalb des eigenen Körpers verdaut. Dazu umschließt er zunächst die Muschel und saugt sich mit den Füßchen des zentralen Teils zweier gegenüberliegender Arme an beiden Schalen fest. Sind die Füßchen fest verankert, wird der Körper steif wie ein Brett und die Füßchen verkürzen sich durch Muskelkontraktion. Dadurch wird die Muschelschale auseinandergerissen. Nun kann der Seestern seinen Magen in die geöffnete Muschel stülpen und ihren Weichkörper verdauen. Ist der Muschelkörper mehr oder weniger aufgelöst, zieht er den Magen aus den Muschelschalen wieder zurück in den eigenen Körper und kann sich auf die Suche nach einem neuen Opfer machen.

Ab und zu findet man Reste von Schlangensternen, die man daran erkennen kann, dass ihre langen, schlangenförmigen Arme scharf von der zentralen, runden Körperscheibe abgesetzt sind.

Muscheln

Muscheln gehören, wie auch die weiter unten aufgeführten Schnecken und Kopffüßer, zu dem großen Stamm der Weichtiere (Mollusca), der mit über 130.000 Arten nach den Gliedertieren der zweitgrößte des Tierreiches ist. Allerdings ist von dieser Artenfülle in der Tierwelt Mitteleuropas mit weniger als 1.000 Arten nur ein Bruchteil vertreten.

Beim Wandern im Watt findet man verschiedene Muschelschalen

Schalen toter Tiere, die sog. Klappen, gehören zu den am leichtesten und am häufigsten zu findenden Dingen im Watt. Ihnen begegnen wir überall. In großen Mengen finden wir sie oft an den Rändern oder am Boden von Prielen.

Obwohl es an unseren Küsten weniger als 100 Arten gibt, ist das Bestimmen einzelner Exemplare nicht immer ganz leicht. Neben Form und Farbe wird zur Bestimmung vor allem die Verbindung beider Schalen, das sog. Schloss herangezogen. Für eine vollständige Übersicht sei auf die einschlägige Bestimmungsliteratur (☞ Literaturliste) verwiesen. Im Folgenden werden beispielhaft nur wenige Arten genannt.

Vielen bekannt ist die blaue bis blauschwarze, lang gestreckte **Miesmuschel** (*Mytilus edulis*), die auch als "Auster des kleinen Mannes" bezeichnet wird und in allerlei Variationen auf dem Esstisch landet. Sie gilt als wichtiges Nahrungsmittel. In Europa werden jährlich mehr als 100.000 t verarbeitet. Die Miesmuschel gehört, wie auch die Auster, zu den wenigen Arten, die oberhalb des Bodens leben. Deshalb lassen sich beide auch gut züchten. Alle anderen Arten leben eingegraben im Boden.

Um nicht von der Strömung fortgespült zu werden, sind die Miesmuscheln über reißfeste, bräunliche Fäden, die sog. Byssusfäden, miteinander und mit dem Substrat verbunden. Sie bilden auf diese Weise große, zusammenhängende Miesmuschelbänke.

Miesmuscheln sind, wie viele anderen Arten auch, Filtrierer, die durch eine Einströmöffnung Plankton und Detritus aus dem Wasser aufnehmen, im Körper verdauen und das unverdaute Material in mehr oder weniger fester Form durch eine zweite Öffnung wieder ausscheiden. Die Muscheln fungieren als natürlicher Filter des Wassers und tragen ganz entscheidend zu dessen Reinheit bei, da sie nicht nur Nahrungspartikel aufnehmen, sondern auch Schwermetalle und organische Gifte. Diese schädlichen Stoffe werden in der Muschel angereichert, so dass sie teilweise hochgradig belastet sind. Aus diesem Grund lehnen es viele Menschen ab, Muscheln zu essen.

Wie wichtig dabei die Muscheln für das gesamte Ökosystem Wattenmeer sind mag Folgendes verdeutlichen: Man hat errechnet, dass unter günstigen Umweltbedingungen sämtliche Miesmuscheln zusammen mit den Herzmuscheln das gesamte Wasservolumen des Wattenmeeres innerhalb einer Woche filtern. Dabei beträgt die Filterleistung einer Miesmuschel etwa 1 l/Stunde.

Durch das Ausscheiden der unverdaulichen Nahrungsreste wachsen Miesmuschelbänke allmählich in die Höhe. Dieses Höhenwachstum kann 20 bis 30 cm pro Jahr betragen. Da die Muscheln keine übermäßig lange Trockenzeit vertragen, leben sie in der Nähe der Niedrigwasserlinie oder darunter. Miesmuscheln können sehr dicht aufeinander wachsen. Man hat schon bis zu 2.000 Exemplare pro m^2 gezählt.

Die Vermehrung erfolgt auf geschlechtlichem Wege durch Eier und Spermien. Da die Sterblichkeit der Eier und Larven sehr groß ist, werden enorme Mengen (mehr als 10 Millionen pro Tier und Jahr) an Eiern produziert. Aus den befruchteten Eizellen schlüpfen nach einer gewissen Zeit Larven, die zunächst frei im Wasser schwimmen und sich dann später auf geeignetem Substrat festsetzen.

Leicht zu erkennen ist auch die **Große** oder **Echte Sandklaffmuschel** (*Mya arenaria*), die gelegentlich als Sandauster oder auch als Schlickauster bezeichnet wird. Sie gehört zu den größten bei uns lebenden Muscheln und gräbt sich am tiefsten in den Boden ein. Manche Tiere sitzen bis zu 50 cm unter der Oberfläche. Ihre ovalen, kräftigen Schalen können bis zu 12 cm, in seltenen Fällen sogar 15 cm lang werden. Ihren Namen verdankt sie der Tatsache, dass sich die Schalen nicht ganz schließen. Sie klaffen ein Stück weit auseinander. Große lebende Muscheln bringen 200 g und mehr auf die Waage. Die Schalen sind weißlich bis hellbraun, manchmal mit gelblichen konzentrischen Ringen oder Bändern.

Die Sandklaffmuschel wird auch als Schlickauster bezeichnet

Wie die Miesmuschel gehört auch sie zu den Filtrierern. Zur Nahrungsaufnahme und Atmung benötigt sie ebenfalls freies Wasser. Dieses holt sie sich mit Hilfe eines bis zu 50 cm langen, dickwandigen Doppelschlauches, dem sog. Sipho, der bis zur Bodenoberfläche reicht. Durch Flimmerhärchen der Kiemen wird nun ein Wasserstrom erzeugt. Durch das Einströmrohr wird Frischwasser angesaugt, durch das Ausströmrohr wird das verbrauchte Wasser zusammen mit den unverdaulichen Nahrungsresten wieder ausgestoßen.

An der Wattoberfläche weisen knapp 2 cm große, ovale Löcher auf die Anwesenheit der Sandklaffmuschel hin. Und noch ein anderes Zeichen verrät ihre Gegenwart: Wenn man über den Wattboden wandert, kann man an manchen Stellen kleine Wasserfontänen beobachten. Diese werden von Sandklaffmuscheln verursacht, die durch die Erschütterungen unseres Trittes ruckartig den Sipho einziehen, wobei das darin befindliche Wasser ausgestoßen wird. Dies Verhalten hat ihnen an unserer Küste stellenweise den Trivialnamen "Pisser" eingebracht.

Eine weitere Verhaltensweise der Sandklaffmuschel ist bemerkenswert: Wenn man einem lebenden Tier mit dem Finger sachte über den Mantelrand streicht, fährt es seinen Sipho aus.

Auch Sandklaffmuscheln sind essbar. An der Atlantikküste in Nordamerika werden die in großen Teilen der Nordhalbkugel verbreiteten Muscheln in großen Mengen gesammelt und zur Zubereitung eines Muschelgerichtes (Clam-Chowder) verwendet.

Eine weitere Muschelart, die sich in den letzten Jahren immer weiter im Wattenmeer ausgebreitet hat, ist die **pazifische Auster** (*Crassostrea gigas*). Sie lebt in Küstengewässern bis zu einer Tiefe von 50 m und bevorzugt felsigen Untergrund, siedelt sich aber auch auf schlammigen und sandigen Böden an, wo sie festgewachsen auf Muschelschalen oder Steinen sitzt. Im Wattenmeer bevorzugt die pazifische Auster Miesmuschelbänke und verdrängt dort durch ihr schnelles Wachstum die heimischen Muscheln. Aufgrund ihrer enormen Größe, pazifische Austern können bis zu 30 cm lang werden, kann diese Auster wesentlich mehr Plankton aus dem Wasser filtern als die Miesmuschel, obwohl die Miesmuschel ein effektiverer Filtrierer ist.

Die harte Schale der Auster ist häufig länglich und in eine Richtung gekrümmt. Die linke untere Schalenhälfte ist meist stark gewölbt, die rechte obere Hälfte flach. Die Schale ist grau, manchmal auch bräunlich oder grünlich gefärbt. Die Schalenform und Farbe kann jedoch mit dem Lebensraum stark variieren.

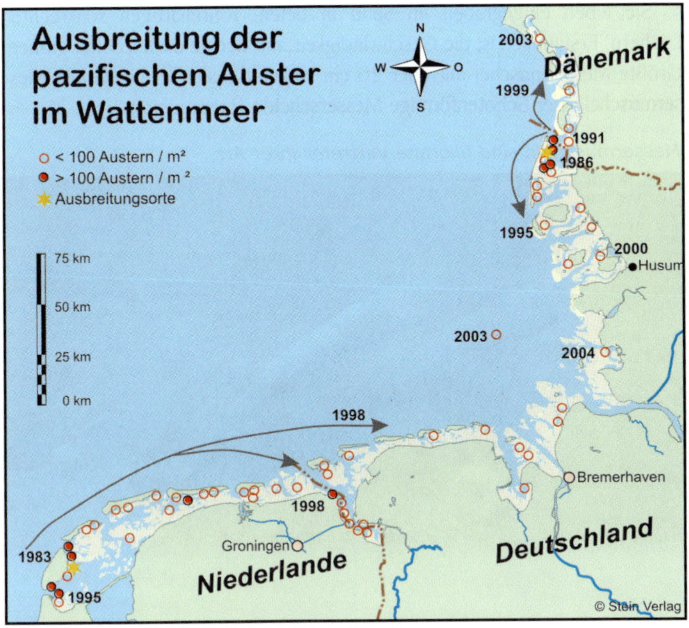

Ausgangspunkt der Verbreitung der pazifischen Auster im Wattenmeer waren Austernkulturen auf Sylt und in der Oosterschelde (Niederlande). Anfangs nahm man an, dass sich die Kulturauster in freier Wildbahn aufgrund der Temperaturen im Wattenmeer nicht vermehren könnte. Dies erwies sich schnell als falsch. Der Auster genügen zur Vermehrung wenige Tage mit Wassertemperaturen über 20°. Jede Auster kann in ihrem Leben bis zu 100 Millionen Larven produzieren. Die hohen Sommertemperaturen in den letzten Jahren und die Tatsache, dass die Auster im Wattenmeer keine natürlichen Fressfeinde hat, trägt dazu bei, dass sie sich so stark ausbreitet.

Als letztes Beispiel für Muscheln sollen die **Scheidenmuscheln** oder **Messermuscheln** angeführt werden, die von der gewöhnlichen Muschelform stark abweichen. Messermuscheln, die in verschiedenen Arten vorkommen, haben lange schmale Schalen, die an beiden Enden auseinanderklaffen.

Sie leben eingegraben im Sand in tiefen, röhrenartigen senkrechten Löchern. Erstaunlich ist die Geschwindigkeit, mit der sie diese Löcher graben. Größte Messermuschel mit über 20 cm langen Schalen ist die **Große Messermuschel** oder **Schotenförmige Messerscheide** (*Ensis minor*).

Messermuscheln sind filigrane Vertreter ihrer Art

Schnecken

Die Schnecken sind mit weltweit über 100.000 Arten die größte Klasse innerhalb des Stammes der Weichtiere. Selbst in dem relativ artenarmen Europa sind um die 7.000 Arten nachgewiesen. Viele Arten vor allem der kleineren Meeresschnecken sind auch für den Fachmann nur schwer zu bestimmen.

Wie bei den bekannten Landschnecken gibt es auch bei den Meeresschnecken Arten mit und ohne Gehäuse. Im Watt haben wir es im Wesentlichen mit Gehäuseschnecken zu tun, lebende oder tote Nacktschnecken werden Sie praktisch nie finden.

Wer sich dennoch intensiver mit Nacktschnecken, die in einer ungeahnten Formen- und Farbenpracht in den Weltmeeren vorkommen, befassen möchte, der sei auf das Felswatt von Helgoland verwiesen, wo man einige Arten dieser teilweise bizarren Tiere finden kann.

Viele Schnecken leben im Felswatt

Im Übrigen sei darauf hingewiesen, dass die Einteilung der Schnecken systematisch in Vorderkiemer, Hinterkiemer und Lungenschnecken erfolgt und nicht danach, ob sie ein Gehäuse tragen oder nicht.

Häufigste Schnecken im Watt sind die kleinen, nur bis 7 mm großen **Wattschnecken** (*Hydrobia ulvae*) und die bis 3 cm, manchmal sogar 4 cm groß werdende **Gemeine Strandschnecke** (*Littorina littorea*). Während sich die kleinen Wattschnecken bei Niedrigwasser in den Boden eingraben, bleiben die Strandschnecken auch dann noch auf der Oberfläche. Beide Schneckenarten hinterlassen bandförmige Kriechspuren im Watt. Die schmaleren stammen von der Wattschnecke, die breiteren von der Strandschnecke. Die Anwesenheit der Wattschnecke kann man außerdem noch an den kleinen Löchern erkennen, die sie beim Eingraben hinterlassen und die das Watt wie ein Sieb erscheinen lässt.

Jeder weiß, dass Schnecken langsam sind und zum Überwinden größerer Strecken viel Zeit benötigen. Wattschnecken haben dagegen einen Trick gefunden, größere Entfernungen relativ schnell zurückzulegen. Sie verankern sich nämlich mit ihrem Fuß an einem selbstproduzierten Schleimband, das an der Wasseroberfläche schwimmt. Von den Strömungen im Wattenmeer werden sie nun weit verdriftet. Ist ihre Reise beendet, frisst sie einfach das Schleimband auf und sinkt zu Boden.

Und noch etwas ist bemerkenswert. Wattschnecken betreiben Brutfürsorge. Sie kleben ihre Eier an die Gehäuse von Artgenossen und schützen sie so vorm Verdriften.

Beide Arten treten je nach Lebensbedingungen massenhaft auf. Mehrere tausend Tiere pro m^2 sind für die Wattschnecke normal. Unter günstigen Bedingungen können auf einem m^2 aber auch schon mal 100.000 Tiere leben. Die Siedlungsdichte der Strandschnecke liegt bei einigen 100 Exemplaren pro m^2.

Mit ihrer Raspelzunge (Radula) weiden sie den Kieselalgenteppich ab. Sie sind also besonders dort häufig zu finden, wo sich die Kieselalgen gut vermehrt haben, was an einer bräunlichen Färbung des Bodens (siehe unten) zu erkennen ist.

Häufig angespült finden wir die bis zu 10 cm hohen, mehr oder weniger gut erhaltenen Gehäuse der **Wellhornschnecke** (*Buccinum undatum*). Das spindelförmige Gehäuse hat bis zu 8 leicht gefaltete Windungen. Die einzelnen Falten sind mit tiefen, wellenförmigen Runzeln bedeckt.

Wellhornschnecken sind Fleischfresser und ernähren sich vor allem von Aas. Sie leben unter der Niedrigwasserlinie und werden deshalb als lebende Tiere kaum gefunden. Neben ihren Gehäusen findet man am Strand aber häufig ihre manchmal faustgroßen, gelblichen Eiballen, die bis zu 1.000 flache Kapseln enthalten können.

Diese Eiballen werden von den Wellhornschnecken an Pfählen, Felsen oder sogar auf Muschelschalen und größere Krebse geklebt. In jeder einzelnen Kapsel befinden sich zwischen 100 und weit über 1.000 Eier, von denen aber nur etwa 10 befruchtet sind. Alle anderen Eier dienen den heranwachsenden Jungschnecken, die ihre ganze Entwicklung bis zur winzigen, fertigen Schnecke in der schützenden Hülle durchmachen, als Nahrung. Die an den Strand angespülten Eiballen sind meist leer und schon mehr oder weniger zerfallen.

Laichballen der Wellhornschnecke

Mit diesen drei Arten, die beispielhaft für eine Vielzahl von Meeresschnecken stehen, soll die Beschreibung dieser großen Tiergruppe abgeschlossen sein. Wer sich ausführlicher mit diesen äußerst interessanten Tieren beschäftigen möchte, der sei auf die entsprechende Literatur (☞ Literaturliste) verwiesen.

Kopffüßer

Der eine oder andere mag sich wundern, dass in diesem Buch auch Tintenfische erwähnt werden, die ja nicht gerade im Wattenmeer zu Hause sind. Allerdings findet man angeschwemmt am Strand relativ häufig das Rückenskelett, den sog. **Schulp**, des **Gemeinen Tintenfisches** (*Sepia officinalis*) (📷 Seite 82), der wie die Kraken auch zu den Kopffüßern (Cephalopoda), einer Klasse der Mollusken, gehört. Die mehr oder weniger weißen Schulpe sind sehr leicht und zerbrechlich und sind deshalb oft schon in einem schlechten Zustand, wenn wir sie finden. Sie bestehen aus einer hornigen Grundmasse, die von zahlreichen Schichten kohlensaurem Kalk überlagert wird.

Der Gemeine Tintenfisch kommt auch in der Nordsee vor (📷 Bora Zont)

Vielen Besitzern von Stubenvögeln ist der Rückenschulp des Tintenfisches bekannt, dient er ihren Tieren doch als Kalkquelle. Darüber hinaus werden diese Überbleibsel der Tintenfische zur Herstellung von Zahnpasta, Poliermitteln und von Gussformen für Goldschmiede verwendet.

Ringelwürmer

Auf der Erde sind etwa 6.000 Arten von Ringelwürmern (Annelida) bekannt, zu denen auch der auf dem Land lebende Regenwurm oder die Egel zählen. Diese beiden Arten gehören in die Klasse der Gürtelwürmer (Clitellata). Die meisten Ringelwürmer werden von den Zoologen jedoch in die Klasse der Borstenwürmer (Polychaeten) eingeordnet, die in der Mehrzahl im Meer leben.

Die Borsten vieler Polychaeten sind hart wie Glas und dringen beim Anfassen der Tiere oft in die Haut ein, wo sie abbrechen, stecken bleiben und dann zu lokalen Entzündungen führen können. Mit einem Klebeband lassen sich die abgebrochenen Borsten meist restlos entfernen. Sicherer ist es aber, die Tiere gar nicht erst anzufassen oder feste Gummihandschuhe zu tragen. Diese schützen auch in gewisser Weise vor dem oftmals schmerzhaften Biss mancher großer Seeringelwürmer.

Polychaeten lassen sich in frei lebende und sesshafte Arten unterteilen. Für beide Gruppen gibt es im Wattenmeer diverse Beispiele, von denen hier die wichtigsten genannt seien.

Hinterlassenschaften eines Wattwurms

Am auffälligsten ist sicherlich der **Wattwurm** (*Arenicola marina*), den man zwar selbst nur sieht, wenn man nach ihm gräbt, der seine Anwesenheit aber durch seine wie ein Berg Spaghetti aussehenden Kothaufen verrät. Mit den unzähligen von ihm aufgehäuften Sandwürsten gehört der Wattwurm zu den Charaktertieren des Wattenmeeres. Er wird von Fischern in großer Zahl ausgegraben und als Köder benutzt. Entsprechend seiner Volkstümlichkeit hat er verschiedene deutsche Bezeichnungen erhalten, wie z.B. Köderwurm, Sandpier oder Sandwurm.

Der Wattwurm gehört zu den festsitzenden Borstenwürmern (Sedentaria). Er lebt im Sand- und Sand-Schlickwatt in langen, U-förmig gebogenen Röhren, die mit Schleim ausgekleidet sind. Der horizontale "Wohngang" liegt gewöhnlich 20 bis 30 cm tief unter der Oberfläche. Mit dem Kopfende liegt der Wurm zum "Fressgang", in den ständig mit Pflanzen- und Tierresten vermischter Sand von der Wattoberfläche nachrutscht. Dieses Material wird von ihm gefressen. Zur Abgabe der unverdaulichen Reste, in der Hauptsache Sand, kriecht er mit seinem Hinterende den "Kotgang" hinauf und scheidet die in Schleim gehüllten charakteristischen Sandwürste aus.

Dabei kann es schon mal passieren, dass ihm ein Austernfischer, eine Strandkrabbe oder eine Scholle ein Stück vom Hinterende abbeißt. Der Verlust ist aber nur von kurzer Dauer, denn wie die meisten Anneliden kann auch der Wattwurm verloren gegangene Segmente wieder regenerieren.

Der um die 25 cm, in seltenen Fällen auch bis zu 35 cm lang werdende Wurm ist in drei getrennte Abschnitte untergliedert. Der vordere Körperabschnitt ist kiemenlos. Dann folgt das Mittelteil mit 13 paarigen, roten Büschelkiemen. Darauf folgt deutlich abgesetzt der viel dünnere Endabschnitt.

An den Rändern von Prielen sowie unterhalb der Niedrigwasserlinie finden sich oft in großer Zahl merkwürdige, aus Sand und Muschelbruch bestehende Röhren, die wenige Zentimeter aus dem Boden herausragen und im oberen Teil zu einer "Fransenkrone" aufgefächert sind. Hierbei handelt es sich um die Wohnröhren des **Bäumchen**- oder **Sandröhrenwurms** (*Lanice conchilega*), die tief in den Boden eingesenkt sind.

Der Bäumchenwurm erreicht meist eine Länge von 15 bis 30 cm. Am Vorderende sitzen zahlreiche, lange, dünne Fadententakel, die eine Art Büschel bilden und aus der Röhre herausragen, was dem Ganzen das Aussehen eines Miniaturbaumes verleiht. Mit den Tentakeln sammelt der Wurm Nahrungspartikel von der Fransenkrone ab, die wie eine Reuse funktioniert.

Der Bäumchenwurm lebt stellenweise in dichten Siedlungen und bildet dabei den sog. Lanice-Rasen.

Zu den frei lebenden Borstenwürmern (Errantia) gehört der bis zu 15 cm lang werdende, an einen großen Tausendfüßer erinnernde **Seeringelwurm** (*Hediste diversicolor*). Der Seeringelwurm lebt in selbstgegrabenen, weit verzweigten Röhren im Schlick und Sand, die er mit einem aushärtenden Schleim verfestigt.

Von der Mündungsöffnung aus kriecht er mit seinem Vorderende auf der Suche nach Nahrung in allen Richtungen umher, wodurch die charakteristischen, mehr oder weniger sternförmigen oder auch geweihartigen Spuren im Watt entstehen.

Der vorstreckbare Rüssel des Tieres hat kräftige Kiefer und Zähne, mit denen es schmerzhaft zubeißen kann. Beim Ergreifen sollte man den Wurm deshalb kurz hinter dem Kopf anpacken.

Ein eigenartiger Wurm ist die **Seemaus** (*Aphrodita aculeata*), die von oben wie eine überdimensionale, borstige Kellerassel aussieht und in ihrer Gestalt überhaupt nicht an einen Wurm erinnert. Das knapp 20 cm lang werdende Tier, das auch als **Seeraupe** oder **Filzwurm** bezeichnet wird, hat auf seinem Rücken einen in allen Farben des Regenbogens schillernden pelzigen Besatz aus feinen Borsten.

Das Tier lebt mit dem Kopfende voran schräg eingegraben in Sand oder Schlick und lässt dabei das Hinterende im freien Wasser. Seemäuse sind Räuber, die ihre Beute, wie z.B. kleine Krebse oder Weichtiere, mit den kräftigen Kiefern zerpressen.

Anzumerken bleibt, dass es noch eine Vielzahl weiterer Vertreter der Ringelwürmer gibt, deren bloße Aufzählung aber den Rahmen dieses Buches sprengen würde.

Darüber hinaus leben im Wattenmeer noch weitere wurmartige Tiere, die von den Zoologen aber anderen Tierstämmen zugeordnet werden, wie z.B. der zum nur wenige Arten umfassenden Stamm der Sipunculiden gehörende **Spritzwurm** (*Sipunculus nidus*) oder der früher im Wattenmeer häufige **Quappwurm** (*Echiurus echiurus*), der zu dem ebenfalls nur wenige Arten umfassenden Stamm der Igelwürmer (Echiurida) gehört.

Nesseltiere

Zu den Nesseltieren zählen einerseits die von vielen mit einem gewissen Respekt und oft unverhohlener Ablehnung angesehenen Quallen und andererseits die große Gruppe der vielfach farbenprächtigen Blumen- oder Korallentiere.

Seedahlien gehören zu den Blumentieren und leben festgeheftet auf Hartböden

Viele **Quallen** und die meisten **Korallen** besitzen Nesselzellen, die der Feindabwehr und/oder dem Beutefang dienen. In den Nesselzellen, die sich besonders häufig in den Fangarmen befinden, sitzt eine mit Gift gefüllte Kapsel mit einem eingestülpten, aufgewickelten Hohlfaden. Bei Berührung eines Auslösemechanismus schnellt dieser Faden aus der Kapsel hervor. Mit seiner mit Widerhaken besetzten Spitze dringt er in die Haut ein, wobei das Gift injiziert wird. Je nach Art und Anzahl der abgeschossenen Giftpfeile können beim Menschen verschiedene Symptome von leichter Gewebsreizung (Rötung oder Jucken) über Ödem- und Blasenbildung bis hin zu schweren Schäden mit starken Schmerzen und lebensbedrohlichen Allgemeinreaktionen wie Lungenödem, Herzversagen und Bewusstseinsverlust auftreten.

Zu einem der giftigsten Tiere überhaupt zählt eine in Australien beheimatete Würfelqualle, die Australische Seewespe, die in ihren Nesselzellen genug Gift hat, um etwa 250 Menschen töten zu können. Bei großflächiger Berührung kann es innerhalb weniger Minuten, manchmal sogar nur Sekunden, zu schweren Herz-Kreislaufproblemen sowie Atemstillstand und Herzversagen kommen. Allein in Australien sind in den letzten 10 Jahren mehr als 70 Todesfälle bekannt geworden, die auf die Seewespe zurückzuführen sind. Auch die Berührung mit der im Atlantik und Mittelmeer lebenden, allerdings selten in Küstennähe anzutreffenden Portugiesischen Galeere kann für den Menschen unter Umständen tödlich sein.

Glücklicherweise sind **die meisten in der Nordsee vorkommenden Arten absolut harmlos**. Nur bei wenigen Arten kommt es, wenn überhaupt, zu leichteren Symptomen wie Hautrötung, Juckreiz oder Brennen. Allerdings sind bei manchen Menschen auch bei diesen eher harmlosen Arten allergische Überempfindlichkeiten möglich. Verstärken kann sich die Wirkung auch bei wiederholten Berührungen innerhalb von 1 bis 2 Tagen.

Quallen und Korallen sind hochinteressante Tiere mit erstaunlichen Lebens- und Verhaltensweisen. Wer sich näher mit ihnen beschäftigt, wird schnell Scheu und Ablehnung verlieren und erkennen, dass auch diese Tiere eine bedeutende Funktion im Ökosystem haben und genauso "wichtig" und schützenswert sind wie z.B. die "knuddeligen" Seehunde.

Von den vielen interessanten Details aus dem Leben der Nesseltiere soll neben dem oben bereits erwähnten komplexen Giftapparat nur noch auf die ungewöhnliche Fortpflanzung eingegangen werden. Viele Tiere der knapp 8.000 Arten umfassenden Gruppe weisen einen Entwicklungszyklus auf, den man **Generationswechsel** nennt. Hierbei wechseln sich ungeschlechtliche Vermehrung (Polypengeneration) und geschlechtliche Fortpflanzung (Medusengeneration) ab. Geschlechtliche und ungeschlechtliche Generation der einzelnen Arten haben eine unterschiedliche Gestalt, so dass eine getrennte Bestimmung der Tiere nach Meduse oder Polyp notwendig ist.

Der Generationswechsel der Nesseltiere soll am Beispiel der **Ohrenqualle** (*Aurelia aurita*), die häufig auf den Watten oder am Strand angespült wird, verdeutlicht werden. Das Geschlechtstier, die Meduse, ist die Ohrenqualle selbst. Im Herbst entlassen die männlichen und weiblichen geschlechtsreifen Tiere in großer Zahl Samen und Eizellen aus ihren Keimdrüsen. Aus den befruchteten Eizellen entwickeln sich mikroskopisch kleine Flimmerlarven, die sich auf geeignetem Substrat festsetzen und zu einem ortsfesten, 3 bis 5 mm großen Polypen heranwachsen.

Im Frühjahr entstehen dann durch scheibchenweise Abschnürung (Strobilation) der oberen Schichten des Polypen, die ähnlich einem Stapel Untertassen übereinandergelegt sind, winzige Ephyralarven, die Jugendstadien der Quallen. Im Laufe des Sommers wachsen sie zu geschlechtsreifen Tieren heran, womit sich der Kreislauf wieder schließt.

Ohrenqualle

Die Ohrenqualle, die wie die anderen Quallen auch zu 98 % aus Wasser besteht, ist relativ leicht zu erkennen. Sie hat einen flachen, durchsichtigen Schirm, der bis zu 40 cm im Durchmesser erreichen kann mit vielen Randtentakeln und vier kräftigen zentralen Mundarmen. Im Zentrum der Scheibe befinden sich die vier regelmäßig angeordneten Geschlechtsorgane, die entfernt an die Form eines Ohres erinnern, was der Qualle ihren deutschen Namen gegeben hat.

Im Sommer wird stellenweise die **Kompassqualle** (*Chrysaora hysoscella*) angespült. Sie hat einen weißlichen bis gelblichen, flachen Schirm von etwa 25 cm Durchmesser. Zu erkennen ist sie an den rötlichen bis bräunlichen Strahlen, die an die Einteilung der Skala eines Kompasses erinnern.

Kompassqualle

Während die eben genannten und die meisten anderen in der Nordsee vorkommenden Arten kaum oder gar nicht nesseln, ist die **Blaue Haar**- oder **Feuerqualle** (*Cyanea lamarcki*) eine sehr stark nesselnde Art. Wer mit ihren langen Tentakeln in Berührung kommt verspürt einen stechend brennenden Schmerz. Die betroffenen Stellen entzünden sich, was aussieht wie die Striemen eines Peitschenhiebes.

Die Blaue Haarqualle ist in der Nordsee weit verbreitet und gehört bei Helgoland im Sommer mit zu den häufigsten Quallen. Die im freien Wasser wunderschön anzusehende Art fällt vor allem durch die zahllosen, ausgestreckt bis zu 20 m langen, in 8 Bündeln angeordneten Tentakeln auf, die im Wasser wie Spinnenfäden erscheinen. Die Blaue Haarqualle gilt als größte lebende Meduse. Von einzelnen Exemplaren mit einem Schirmdurchmesser von über 2 m wurde schon berichtet. Nicht ganz so groß wird die nahe verwandte **Gelbe Haar**- oder **Feuerqualle** (*Cyanea capillata*), die von den Meeresbiologen mal als eigene Art und mal nur als Farbvariante aufgefasst wird.

Nicht zu den Nesseltieren gehört die bis zu 2 cm groß werdende, rundlich ovale **Seestachelbeere** (*Pleurobrachis rhodopis*), die aber dennoch in diesem Abschnitt erwähnt werden soll, weil sie ihnen in Körperbau und Lebensweise sehr nahe steht. Sie gehört zum Tierstamm der Rippenquallen, die sich u.a. durch 8 über den Körper verlaufende Längsrippen auszeichnen und keine Nesselzellen besitzen. Die Seestachelbeere hat zwei sehr lange, mit vielen dünnen Nebenfäden besetzte Haupttentakeln. Besonders im Frühsommer kommen sie stellenweise in großen Schwärmen vor. Wie manche Nesseltiere und andere Rippenquallen auch, besitzen sie ein gewisses Leuchtvermögen, das bei massenhaftem Auftreten eine der Ursachen für das Auftreten von Meeresleuchten sein kann.

Einzeller

Dieser kurze Ausflug in die Tierwelt des Wattenmeeres zeigt nur einen winzigen Ausschnitt aus der Fülle verschiedenartiger Meeresbewohner und ihrer oft erstaunlichen Lebensgewohnheiten. Dabei wurden ganze Tierstämme, wie z.B. Schwämme oder Insekten, gar nicht erst berücksichtigt. Ebenso wenig die große Gruppe der als Einzeller lebenden Tiere, die ein Großteil des Planktons ausmachen. Auf einen besonderen Vertreter der meist mikroskopisch kleinen Einzeller soll an dieser Stelle aber noch kurz eingegangen werden.

Zu einer gewissen Berühmtheit unter den Einzellern hat es eine Art der Geißeltierchen gebracht, das stecknadelkopfgroße **Meeresleuchttierchen** (*Noctiluca miliaris*). Die Tiere kommen oft in großer Zahl dicht unter dem Wasserspiegel vor. Sie sind die häufigste Ursache für das herrliche Schauspiel des **Meeresleuchtens**, das ausgelöst wird, wenn die Tierchen durch die Wellen eines Schiffes, Schwimmers oder anderweitig erschüttert werden.

Algen

Über die Pflanzen der Wattwiesen, Salzwiesen und Dünen wurde in diesem Buch bereits an anderer Stelle berichtet. Deshalb soll hier nur noch kurz auf die Algen eingegangen werden, die bis auf wenige Ausnahmen mit dem bloßen Auge nicht zu erkennen sind, aber dennoch zu den wichtigsten Pflanzen des Wattenmeeres gehören, da sie einerseits als Nahrungsgrundlage wichtige Voraussetzung für die Ernährung der Tiere sind und andererseits zur Festigung und Auflandung des Watts beitragen, weil sie mit ihrem Schleim die Sedimente verkitten.

Grundlage der gesamten Nahrungskette bzw. des Nahrungsnetzes im Watt sind die winzig kleinen, einzelligen **Kieselalgen** (*Diatomeen*). Die nur etwa 1/100 bis 1/10 Millimeter großen Pflanzen kommen in unvorstellbaren Mengen und etwa 450 verschiedenen Arten im Wattenmeer vor. Man hat errechnet, dass in einem Würfel Wattboden mit einer Kantenlänge von einem Zentimeter mehrere Millionen Individuen leben. Die Kieselalgen sind für etwa 80 % der Erstproduktion verantwortlich.

Sichtbar werden diese winzigen Pflanzen, wenn sie sich massenhaft vermehren. In den Sommermonaten können sie bei guten Bedingungen innerhalb eines Tages ihre Individuenzahl verdoppeln. Sie überziehen dann weite Teile des Wattbodens mit einem bräunlichen Belag, der nicht nur eine wichtige Nahrungsgrundlage für viele tierische Wattbewohner ist, sondern auch durch einen von ihnen abgesonderten Schleim zur Verfestigung des Wattbodens beiträgt.

Wenn der Algenteppich noch von einer Wasserschicht bedeckt ist, kann man zahlreiche Sauerstoffbläschen aufsteigen sehen. Während der Photosynthese, also der Bildung organischer Stoffe aus Kohlendioxid und Wasser unter Einwirkung des Lichtes, zu der alle "grünen" chlorophyllhaltigen Pflanzen in der Lage sind, kommt es zur Abspaltung von Sauerstoff, der dann als Bläschen an die Oberfläche steigt. Das der Algenteppich nicht grün, sondern braun ist, liegt nur daran, dass der grüne Farbstoff Chlorophyll von braunen Farbstoffen überlagert wird und nicht sichtbar ist. Die Kieselalgen sind also nicht nur das erste Glied und Grundlage in der Nahrungskette, sondern auch noch ein bedeutender Sauerstoffproduzent.

Ihren Namen verdanken sie der Tatsache, dass das Innere der Pflanzen von einer zweiteiligen schützenden Schale umgeben ist, die aus Kieselsäure besteht. Anhand der Schalen lassen sich die einzelnen Arten bestimmen.

Die Schalen der Kieselalgen weisen eine fast unüberschaubare Fülle verschiedener, oft bizarrer Formen auf. Wer die Möglichkeit hat, diese winzigen Pflanzen unter dem Mikroskop zu betrachten, wird von den faszinierenden Algen mehr als begeistert sein und für sich eine neue Welt entdecken.

Wem kein Mikroskop zur Verfügung steht, der sei auf das Werk von **Ernst Haeckel** (1834-1919) verwiesen (☞ Literaturliste). Der von 1834 bis 1919 lebende Biologe war nicht nur ein hervorragender Naturwissenschaftler, sondern auch ein genialer Künstler. In seinem Buch "Kunstformen der Natur", in dem er vielfältige Formen aus der Natur in beeindruckender Weise gezeichnet und lithographiert hat, sind auch einige Kieselalgen und eine Vielzahl weiterer faszinierender Meeresorganismen abgebildet.

Neben den Kieselalgen wird der Wattboden noch von einer ganzen Reihe weiterer einzelliger Algen sowie Blaualgen besiedelt, die allerdings nicht die Bedeutung der Diatomeen erreichen.

Verlassen wir die mikroskopisch kleinen Einzeller und wenden uns den auch mit bloßem Auge sichtbaren "höheren" mehrzelligen Algen des Meeres zu, die z.T. beachtliche Längen von vielen Metern erreichen können. Hier gibt es eine beträchtliche Anzahl von **Grün**-, **Braun**- und **Rotalgen**, die in der Nordsee zu Hause sind.

Da die Algen keine Wurzeln haben, die in den Boden eindringen können, sondern mit Hilfe von Haftscheiben oder klammerartig verzweigten Haftorganen an festem Substrat festsitzen, bieten ihnen die weichen sandigen oder schlickigen Watten der Nordsee mit ihren ständigen starken Strömungen kaum Siedlungsmöglichkeiten. Wo allerdings durch den Menschen künstliches Hartsubstrat geschaffen wurde, siedeln sich auch Algen an. Beobachten kann man dies z.B. sehr schön in Häfen oder an Anlegern, die oftmals dicht mit Algen bewachsen sind.

Richtige Algenstandorte sind also beim Wattwandern, wenn man einmal das Helgoländer Felswatt ausnimmt, kaum zu erreichen. Dennoch kann der aufmerksame Besucher auch im Wattenmeer eine Reihe von Algen finden, denn viele von ihnen werden an den Strand angespült, wobei sie allerdings oft schon, durch Zersetzungsprozesse bedingt, in einem erbärmlichen Zustand sind.

Eine der häufigsten Arten ist der leuchtend grüne **Meersalat** (*Ulva lactuca*), der einen derbhäutigen, unregelmäßig lappigen Thallus von bis zu 1 m Länge hat und zu den Grünalgen gezählt wird. Der Meersalat sitzt jung am Substrat fest, löst sich dann aber im Alter und treibt im Wasser.

Der einjährige Meersalat wird in einigen Ländern gegessen. Die Pflanze ist schmackhaft und sehr reich an Vitaminen. Wenn sie noch gut erhaltene Exemplare finden, sollten Sie sie einmal probieren.

Häufig sind auch die verschiedenen Arten des **Darmtangs** (*Enteromorpha spec.*), der seinen Namen dem schlauchförmigen, an einen Darm erinnernden Thallus zu verdanken hat, der eine Länge von bis zu 40 cm erreichen kann.

An den Watträndern bildet in ruhigerem, flachem Wasser das **Borstenhaar** (*Chaetomorpha arerea*) größere Bestände. Die dunkelgrünen Pflanzen, die aus einem langen, mehr oder weniger steifen Faden bestehen, wachsen in einem Büschel nebeneinander. Die Populationen an den Watträndern stammen aus anderen Gebieten. Es handelt sich dabei um losgerissene Fäden, die sich dort zu größeren Einheiten verknoten und weiterwachsen können.

Häufig findet man im Spülsaum den zu den Braunalgen zählenden **Blasentang** (*Fucus vesiculosus*). Die olivbraunen bis hellbraunen Pflanzen werden über 1 m hoch. Sie sind leicht an den paarig links und rechts neben der Mittelrippe angeordneten Luftblasen zu erkennen, die den Tang im Wasser aufrecht halten.

Besonders bei Kindern ist diese Art äußerst beliebt, erzeugen doch die Luftblasen noch frischer Pflanzen ein knackendes Geräusch, wenn man sie zerdrückt. Darüber hinaus wird der Blasentang als Heil- und Nutzpflanze verwendet. Aus ihm werden Düngemittel und Futterzusätze gewonnen sowie Jod, Soda und Alginsäure.

Deutlich zu erkennen ist auch der **Geschnürte Schlauchtang** (*Scytosiphon lomentaria*). Er bildet grünlich gelbe bis dunkelbraune, runde, hohle Schläuche mit einer Länge von bis zu 50 cm, die regelmäßig deutlich eingeschnürt sind. Finden Sie schnurförmige, drehrunde Algen mit einem Durchmesser von bis zu 5 mm und einer Länge bis zu 3 m, handelt es sich um die **Gemeine Meersaite** (*Chorda filum*). Eine nah verwandte Art, die **Zottige Meersaite** (*Chorda tomentosa*), ist auf ihrer ganzen Länge mit einem gelbbraunen Haarpelz bekleidet.

Fossile Spuren

Das Wattenmeer ist aber nicht nur Heimat heute lebender Pflanzen und Tiere, sondern auch Fundort längst vergangenen Lebens.

Bernstein ist ein besonderer Fund

Etwas Besonderes ist für jeden Wattwanderer sicher der Fund von **Bernstein**. Dieses gelbe bis dunkelbraune, manchmal klare, manchmal undurchsichtige fossile Material entstand vor ca. 40 bis 50 Millionen Jahren im

Tertiär. Es ist das erstarrte Harz von Nadelbäumen eines Waldes, der in der heutigen mittleren Ostsee stand. Die bedeutendste Bernsteinlagerstätte liegt in Ostpreußen, wo er im Tagebau gewonnen wird.

Obwohl in der Ostsee entstanden, kann man auch an der Nordseeküste mit etwas Glück schöne Stücke finden, denn während der Eiszeit wurden mit den Gletschern auch große Mengen Bernstein nach Westen transportiert. So werden z.B. in Schleswig-Holstein pro Jahr mehrere hundert Kilo gefunden, darunter auch größere Stücke von mehr als 100 g Gewicht. Bisher einmaliges Glück hatte wohl ein Wanderer, der vor Jahren ein großes Stück von fast 900 g in der Nähe von St. Peter-Ording fand.

Besonderes Interesse erwecken diejenigen Stücke, in denen fossile Pflanzenreste oder Tiere eingeschlossen sind. Diese Funde sind auch für die Wissenschaft von Interesse, geben sie doch Auskunft über längst ausgestorbene Tierarten.

Bernstein wird oft mit ähnlich aussehenden Gesteinen verwechselt, die aber viel schwerer sind, oder sogar mit altem Glas brauner Flaschen. Im Gegensatz zu den beiden anderen Materialien klingt Bernstein beim Klopfen an einen Zahn aber dumpf. Darüber hinaus kann man Bernstein elektrisch aufladen, wenn man ihn kräftig mit Wolle reibt. Er zieht dann Zeitungspapierschnitzel an. Glas oder Flintstein lassen sich nicht aufladen.

Die größten Chancen Bernstein zu finden hat man frühmorgens, wenn noch keine Wanderer unterwegs waren. Es lohnt sich vor allem den Bereich des Strandes abzusuchen, wo der Braunkohlengrus angeschwemmt wird, der wie grober Kaffeesatz aussieht.

Stellenweise häufig kann man die sog. **Donnerkeile** finden, die nach einem Volksglauben durch Blitzeinschlag entstanden sein sollen. Die wie ein am oberen Ende abgebrochener Kugelschreiber aussehenden Stücke sind aber die versteinerten Schwanzstachel von Belemniten, einem längst ausgestorbenen Verwandten des Tintenfisches.

Auch versteinerte Schnecken oder Muscheln kann man gelegentlich entdecken. Negativabdrücke von Seeigeln, bei denen man noch zahlreiche Strukturen erkennen kann, findet man relativ häufig.

Gefährdung des Watts

Die Schifffahrt ist eine der grössten Gefahren für das Wattenmeer

Ein Buch über das Wattenmeer wäre nicht vollständig, wenn nicht zumindest kurz darauf eingegangen werden würde, dass dieser großräumigen Naturlandschaft von vielen Seiten Gefahren drohen und einige Bereiche in ihrem Fortbestand bereits ernsthaft gefährdet sind.

Im Gebiet des Wattenmeers müssen Interessen des Naturschutzes mit denen des Küstenschutzes und der wirtschaftlichen Nutzung des Gebiets vereinbart werden. Das Wattenmeer mit seiner einzigartigen Tier- und Pflanzenwelt sollte geschützt werden und erhalten bleiben, trotzdem müssen die Küstenbereiche vor Sturmfluten, Uferrückgang und Landverlust geschützt werden. Das Wattenmeer stellt einen wesentlichen Faktor der Wirtschaft der Küstenregionen dar. Es hat eine große Bedeutung für die Fischerei, die Förderung von Erdöl, und nicht zuletzt auch für die Tourismusbranche.

Die Nutzung des Watts durch den Menschen bleibt nicht ohne Folgen. Hier sollen in Kürze die wichtigsten Gefährdungen angeführt werden, die dem Lebensraum Wattenmeer drohen.

Eine ganze Reihe an Problemen ergeben sich aus der **Schifffahrt**. Hier ist gleich ein ganzes Bündel von potenziellen Gefährdungen zu nennen:

▷ Havarien von Fracht- und vor allem Tankschiffen bergen große Gefahren. Schiffsunglücke in der Deutschen Bucht sind nichts Ungewöhnliches und ereignen sich immer wieder. Allen in Erinnerung ist sicher noch die Havarie des Holzfrachters "Pallas", der im Oktober 1998 vor der dänischen Küste in Brand geriet und dann manövrierunfähig vor Amrum auf eine Sandbank auflief. Obwohl kein Öltanker, liefen doch mehr als 60 Tonnen Öl aus, die zu einer großen Ölpest im Wattenmeer führten und für schätzungsweise 16.000 Seevögel den Tod bedeuteten. Nicht auszudenken wäre die Katastrophe gewesen, wenn es sich bei dem Schiff um einen Öltanker gehandelt hätte.

▷ Verlust von Ladung.

▷ Verklappung von Müll, Industrieabfällen und Baggergut.

▷ Illegale Entsorgung von Brennstoffrückständen, Müll und Ladungsresten.

▷ Giftige Schiffsanstriche.

▷ Ausbau des Fahrwassers.

Mindestens ebenso wie durch die Schifffahrt wird das Wattenmeer und die gesamte Nordsee durch den **Eintrag von Schad- und Nährstoffen** gefährdet. Auch wenn der Eintrag von Schadstoffen in den letzten 20 Jahren deutlich gesenkt werden konnte, sind die Mengen an eingetragenen Stoffen immer noch enorm.

Gelangten zum Beispiel 1985 noch 805.000 t Stickstoff und 67.000 t Phosphor in die Nordsee, waren es im Vergleichsjahr 2005 immer noch 420.000 t Stickstoff und 18.000 t Phosphor.

Auch die Einträge von Schwermetallen in die Nordsee konnten zwischen den Jahren 1985 und 2005 gesenkt werden. Während 1985 noch fast 30 t Quecksilber in die Nordsee gelangten, waren es 20 Jahre später nur noch knapp 3 t. Zusätzlich gelangten 2005 immer noch fast 380 t Nickel (1985: 740 t), 8 t Cadmium (1985: 53 t) und 200 t (1985: 750 t) Blei in die Nordsee.

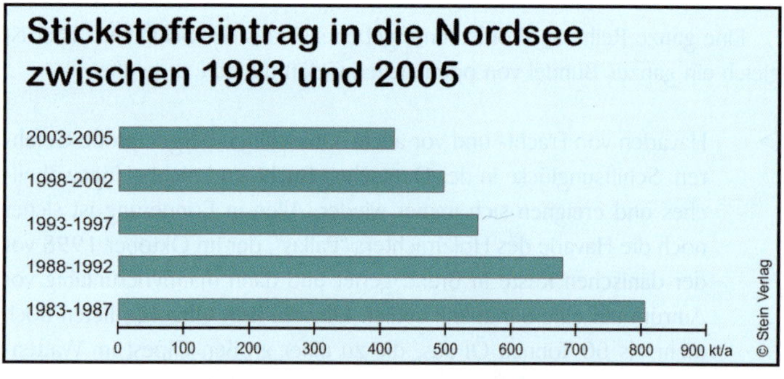

Darüber hinaus fließen jährlich große Mengen chlorierter Kohlenwasserstoffe, zu denen viele Pflanzenschutz- und Schädlingsbekämpfungsmittel wie z.B. Lindan gehören, in die Nordsee. Die eben genannten Stoffe sind nur ein Ausschnitt aus der Liste, die sich noch um einiges verlängern ließe.

Während die Stickstoffverbindungen zu einem großen Teil aus der übermäßigen Düngung in der Landwirtschaft stammen, kommen die Phosphatfrachten zum großen Teil aus den Waschmitteln in unseren Haushalten.

Der Eintrag erfolgt einerseits über die Atmosphäre und andererseits über die Zuflüsse. Er kann aber auch indirekt über die großen Meeresströmungen ins Wattenmeer gelangen, die Wasser in die Nordsee transportieren, das weitab von ihr kontaminiert wurde. So hat man z.B. radioaktive Substanzen im Wattenmeer nachgewiesen, die aus den Wiederaufarbeitungsanlagen in Sellafield an der Ostküste Mittelenglands und in La Hague an der französischen Küste stammen.

Die Schadstoffe im Wasser sind in der Regel unsichtbar. Was man z.T. aber sehen kann, sind ihre Auswirkungen. So wundern sich manche Urlauber häufig über einen schmutzig-weißen Schaumbelag in der Brandungszone, der sich manchmal zu einem riesigen, flächendeckenden Teppich ausweitet.

Hoher Stickstoff- und Phosphorgehalt fördert die Bildung von Algenschaum

Dieser Schaum besteht aus dem Eiweiß kleiner Algen, die im Plankton des Meeres leben. In der Brandung werden sie zerstört, das Eiweiß wird frei und zu Schaum aufgeschlagen. Dieser Vorgang ist an sich natürlich und für das Watt auch keine Gefahr.

Zur Gefahr wird er erst dadurch, dass sich die Algen durch Eutrophierung, d.h. durch übermäßige Zufuhr von Stickstoff- und Phosphorverbindungen, zu manchen Zeiten explosionsartig vermehren können. Es kommt besonders in warmen Jahren zu den sog. "Algenblüten". Aus den früher üblichen kleinen Schaumansammlungen werden heute unter günstigen Bedingungen für die Algen die riesigen Schaumteppiche, die für die Urlauber nur unschön sind, für manche Tiere aber zur Todesfalle werden können.

Auch die sog. **"Schwarzen Flecken"** auf dem Wattboden weisen auf eine Eutrophierung hin. Sie entstehen an Stellen, wo sehr viel organisches Material abgebaut wird und durch den Abbauprozess mehr Sauerstoff verbraucht wird als zugeführt werden kann. Auch die in der Nordsee nachgewiesenen **Sauerstofflöcher** haben ihre Ursache in der Überdüngung des Meeres. Dabei handelt es sich um große Gebiete im tieferen Wasser, in denen kein Sauerstoff mehr vorhanden ist. Viele Fische und andere Meerestiere müssen aufgrund von Sauerstoffmangel in diesen Gebieten sterben. Auch hier entstehen die Sauerstofflöcher durch eine Algenblüte. Wenn die Algenmassen dann absterben, werden sie von Bakterien abgebaut. Bei diesem Abbauprozess verbrauchen die Bakterien den gesamten Sauerstoff.

Wer nun allerdings damit argumentiert, dass ihm das Sterben von Fischen und anderem Seegetier im Meer eigentlich ziemlich egal ist, der sei nur darauf verwiesen, dass auch der Mensch selbst über die Nahrungskette wieder mit den giftigen Stoffen in Kontakt kommt und diese zu sich nimmt. Viele dieser auch für uns extrem schädlichen Stoffe, die z.B. die inneren Organe und das zentrale Nervensystem schädigen oder Ursache für Krebs sein können, sind schwer abbaubar und reichern sich im Gewebe von Tieren und Menschen an. Hellhörig wurden viele Menschen, als vor Jahren die Frage im Raum stand, ob man Säuglingen noch mit ruhigem Gewissen Muttermilch geben könne, da bei vielen Müttern die schädlichen Stoffe bereits in der Muttermilch nachgewiesen wurden.

Neben diesen "Verschmutzungen" des Meeres gehen weitere Gefährdungen und Störungen des Ökosystems Wattenmeer von den vielfältigen Nutzungen des Gebietes durch den Menschen aus. Dabei handelt es sich z.B.

um Fischerei, Jagd, Landwirtschaft, Küstenschutz, Rohstoffgewinnung, Verlegung von Pipelines, Tourismus, Freizeitaktivitäten usw.

Manche Strände werden als illegaler Müllplatz missbraucht

Da einige dieser Nutzungen schon seit vielen Generationen von den Menschen im Küstenraum betrieben werden und manche auch heute noch Haupteinnahmequelle nicht weniger Bewohner sind, kann ein Nationalparkgesetz logischerweise nicht alle Eingriffe des Menschen rigoros verbieten. Dazu gehört auch, dass der Erholungssuchende zu seinem Recht kommen muss und nicht generell aus dem Nationalpark ausgeschlossen werden kann. Und natürlich ist auch der Küstenschutz eine vordringliche Aufgabe.

Der Gesetzgeber muss daher versuchen, für einen sinnvollen Ausgleich zwischen Naturschutz und anderen Interessen zu sorgen, wobei sich beide nicht unbedingt gegenseitig ausschließen müssen.

In den jeweiligen Gesetzen zum Nationalpark werden Umfang und Art der erlaubten Eingriffe durch den Menschen genauestens geregelt. Diese Regelungen sind nach z.T. erbittert geführten Diskussionen zwischen Naturschützern und "Nutzern", der Verwaltung und dem Gesetzgeber aufgestellt worden. Auf die für Wattwanderer wichtigen Regelungen wird in diesem Buch in einem eigenen Kapitel ausführlich eingegangen.

Nationalpark Wattenmeer

Tönning ist ein Bade- und Luftkurort in Schleswig-Holstein

Das Wattenmeer ist einerseits einer der beliebtesten Naturräume der Erde und andererseits auch einer der empfindlichsten. Um diesen einmaligen Lebensraum mit seinen Tieren und Pflanzen nachhaltig zu schützen, wurden bereits frühzeitig bestimmte Bereiche per Gesetz zu Naturschutzgebieten erklärt.

Diese Maßnahme reichte zunächst aus, um die besonders sensiblen Bereiche des Wattenmeeres zu schützen. Durch steigende Urlauberzahlen und vielfältige wirtschaftliche Interessen wurde der Druck auf die isolierten Naturschutzgebiete und das Wattenmeer in seiner Gesamtheit jedoch immer größer, so dass mehr und mehr Naturschützer zu der Überzeugung gelangten, dass die einmalige Landschaft nur dann nachhaltig vor negativen und irreparablen Veränderungen bewahrt werden kann, wenn sie in ihrer Gesamtheit unter Schutz gestellt wird.

Zwangsläufig führten die Überlegungen in die Richtung, einen Nationalpark einzurichten, denn das Wattenmeer erfüllt die strengen Kriterien, die an eine derartige Einrichtung gestellt werden:

Ein **Nationalpark** soll

- ▷ großräumig und von besonderer Eigenart sein
- ▷ der Erhaltung eines möglichst artenreichen Tier- und Pflanzenbestandes dienen
- ▷ vom Menschen möglichst wenig beeinflusst sein
- ▷ einheitlich geschützt werden
- ▷ und der Bevölkerung zugänglich gemacht werden, soweit dies mit dem Schutzzweck vereinbar ist.

Mitte der siebziger Jahre kam es dann zu ersten konkreten Diskussionen mit dem Ziel, einen Nationalpark einzurichten. So wurde z.B. in Schleswig-Holstein ein Referentenentwurf der Landesregierung für einen Nationalpark Schleswig-Holsteinisches Wattenmeer vorgelegt, der an der Küste von Befürwortern und Gegnern heiß diskutiert wurde. Die Zeit für einen Nationalpark im Wattenmeer war aber noch nicht reif und so musste die Regierung ihren Entwurf im Jahre 1976 wieder zurückziehen.

Von nun an verstummte die Diskussion um einen Nationalpark aber nicht mehr, so dass knapp 10 Jahre später, im Jahre 1984, ein zweiter Entwurf für einen Nationalpark Schleswig-Holsteinisches Wattenmeer von der Landesregierung vorgelegt wurde.

Gegen diesen Entwurf gab es von allen Seiten heftige Proteste. Den Naturschützern ging er nicht weit genug, weil sie zu große Zugeständnisse an die Nutzer des Wattenmeeres sahen. Die Nutzer selbst fühlten sich in ihren Rechten eingeschränkt und von ihren Einnahmequellen abgeschnitten. Die meisten Kommunen und viele Organisationen sprachen sich gegen den Entwurf aus und die beiden betroffenen Kreise Dithmarschen und Nordfriesland lehnten ihn auf Sitzungen ihrer Kreistage rundweg ab.

Allen Protesten zum Trotz wurde der veränderte Entwurf als Gesetzesvorlage in den Schleswig-Holsteinischen Landtag eingebracht und als Gesetz zum "Nationalpark Schleswig-Holsteinisches Wattenmeer" verabschiedet, das am 1. Oktober 1985 in Kraft trat. Die Erfahrungen der letzten 15 Jahre haben gezeigt, dass viele Befürchtungen und Zweifel von Naturschützern einerseits und Nutzern andererseits nicht eingetreten sind.

Dennoch musste man aus Erfahrungen lernen, die dann in eine Novellierung des Gesetzes eingebracht wurden, die 1999 vom Landtag beschlossen wurde.

Die Diskussionen in Niedersachsen und Hamburg, den anderen beiden Bundesländern mit Anteilen am Wattenmeer, waren ähnlich schwierig. Dennoch hatten nur drei Monate nach den Schleswig-Holsteinern auch die Niedersachen ihren "Nationalpark Niedersächsisches Wattenmeer". Am 1. Januar 1986 trat eine diesbezügliche Rechtsverordnung in Kraft. In Hamburg ließ man sich etwas mehr Zeit. Vielleicht, weil viele gar nicht wussten, dass auch die Hansestadt ausgedehnte Wattflächen um die vor Cuxhaven liegende Insel Neuwerk herum besitzt. Erst zum 13. April 1990 trat das Gesetz zum "Nationalpark Hamburgisches Wattenmeer" in Kraft.

Obwohl es sich bei den drei Nationalparks um ein landschaftlich zusammenhängendes Gebiet handelt, hat man es in den beteiligten Bundesländern nicht geschafft, ein einheitliches Nationalparkgesetz zu erlassen. Dies liegt daran, dass in Deutschland für das Naturschutzgesetz zwar der Bundesminister für Naturschutz zuständig ist, die Durchführung des Naturschutzes aber Ländersache ist. Und die Verantwortlichen in den Ministerien und Behörden haben in ihrer unergründlichen Weisheit eben beschlossen, jedem Nationalparkgesetz (bzw. in Niedersachsen der Rechtsverordnung) einen eigenen Stempel aufzudrücken. Obwohl es keineswegs verboten gewesen wäre, die Gesetze bzw. Verordnung aufeinander abzustimmen.

Für den Besucher des Wattenmeeres ergibt sich daraus die Konsequenz, dass er je nach Aufenthaltsort über unterschiedliche Gesetze, Verordnungen und Regeln informiert sein muss. Ein Jurastudium ist zum Betreten des Nationalparks zwar nicht erforderlich, kann aber auch nicht schaden.

Um etwas Licht in das Dunkel der einzelnen Nationalparks zu bringen, werden im Folgenden für jeden Park einzeln die wichtigsten Bestimmungen dargestellt.

Nationalpark Niedersächsisches Wattenmeer

Der 1986 durch eine Rechtsverordnung ins Leben gerufene Nationalpark Niedersächsisches Wattenmeer hat eine Fläche von etwa 250.000 ha. Er ist damit der zweitgrößte Nationalpark in Deutschland. Er erstreckt sich entlang der etwa 360 km langen Küste zwischen Campen (Emden) im Westen bis nach Cuxhaven im Osten und schließt die vorgelagerten Inseln, Platen und Sandbänke mit ein. Landseitig ist die Deichlinie die Grenze. Was Naturschützer besonders verärgert: Der deutsche Anteil am Dollart bei Emden wurde nicht mit in das Gebiet des Nationalparks einbezogen.

Da die Verordnung bei allen Beteiligten für eine gewisse Rechtsunsicherheit sorgte, wurde sie im Jahre 1999 durch das Gesetz über die Niedersächsischen Nationalparks "Niedersächsisches Wattenmeer" und "Harz" ersetzt, das am 15.7.1999 in Kraft trat. Die bestehenden Rechtsvorschriften zum Wattenmeer wurden 1:1 in das neue Gesetz übernommen.

Das Konzept in Niedersachsen sieht zur Zeit drei unterschiedliche Schutzzonen vor. Die **Ruhezone** macht etwa 54 % der Gesamtfläche des Nationalparks aus. Diese Zone genießt den höchsten Schutz, da sich hier die empfindlichsten Landschaftsteile, Tier- oder Pflanzenarten befinden. Es sind alle Handlungen verboten, die den Nationalpark oder einzelne seiner Bestandteile zerstören, beschädigen oder verändern, wenn Sie nicht ausdrücklich durch Verordnungen erlaubt sind. Die Ruhezone darf während des ganzen Jahres nur auf den extra dafür zugelassenen Wegen, Routen und Flächen betreten werden. Verboten ist auch, Tiere an ihren Brutplätzen und Lebensräumen aufzusuchen, zu fotografieren oder zu filmen. Erlaubt ist z.B. die ordnungsgemäß durchgeführte Landwirtschaft innerhalb der durch Sommerdeiche geschützten Flächen. Die gewerbliche Fischerei ist teilweise erlaubt. Teile der Salzwiesen dürfen beweidet werden. Diese wenigen Beispiele zeigen schon, dass selbst in der am stärksten geschützten Ruhezone Nutzung und Eingriffe des Menschen nicht gänzlich ausgeschlossen sind.

Etwas weniger stark geschützt ist die **Zwischenzone**, die etwa 45 % der Fläche des Parks ausmacht. Hier sind alle Handlungen verboten, die das Landschaftsbild des Wattenmeeres einschließlich der Inseln verändern oder den Naturgenuss beeinträchtigen. So ist es z.B. verboten, Abfälle über Bord der Schiffe zu werfen oder im Watt zurückzulassen. Auch Hunde dürfen in dieser Zone nicht frei laufen, es sei denn, sie werden zur ordnungsgemäßen Ausübung der Jagd benötigt. Verboten ist weiterhin, die Ruhe der Natur durch Lärm zu stören. Wie auch in der Ruhezone dürfen Tiere nicht an ihren Brutplätzen oder in ihren Lebensräumen aufgesucht, gefilmt oder fotografiert werden. Während der Brutzeit der Vögel vom 1. April bis 31. Juli dürfen die Salzwiesen, Groden und Heller, also das Deichvorland, zwischen der mittleren Tidenhochwasserlinie und dem Deichfuß nur auf extra zugelassenen Wegen betreten werden. In der übrigen Zeit ist das Betreten der Zwischenzone freigestellt, wenn nicht privatrechtliche oder andere Regelungen ein Verbot aussprechen.

Mit nur etwa 1 % an der Fläche des Wattenmeeres hat die **Erholungszone** den kleinsten Anteil. Diese Zone ist für den Tourismus und Kurbetrieb vorgesehen. Um den Erholungssuchenden zu schützen, ist das Betreiben

sämtlicher motorgetriebener Geräte am Strand verboten. Damit der Wattwanderer und sonstige Erholungssuchende nicht mit der Verordnung vor der Nase durch das Watt laufen muss, sind Informationen über die Zonierung und die Wegführung jeweils vor Ort auf Informationstafeln dargestellt, die an vielen Stellen im Nationalpark an Deichübergängen, Parkplätzen und Stränden aufgestellt sind. Die Wege und Routen, die in der Ruhe- und Zwischenzone zugelassen sind, sind durch Pfähle mit einer grünen oder roten Markierung gekennzeichnet. Die grüne Markierung bezieht sich auf Wanderwege, die rote auf Reitwege.

Darüber hinaus erhält man in den Informationszentren (Adressen unter: 💻 www.conrad-stein-verlag.de) und an anderen Stellen sehr gute Gebietskarten, in denen nicht nur einzelne Wege dargestellt sind, sondern auch sonstige wertvolle Informationen und Tipps gegeben werden.

Informationen erhält man auch von der sog. **Nationalpark-Wacht**. Diese fest angestellten Mitarbeiter des Nationalparks, die von einer ganzen Reihe Zivildienstleistender unterstützt werden, kann man leicht an ihrer blauen Dienstkleidung erkennen. Sie halten Vorträge, führen durchs Gelände, überwachen den Nationalpark, sind für landschaftspflegerische Maßnahmen zuständig und beteiligen sich an Forschungsprojekten.

Nationalpark Hamburgisches Wattenmeer

Das der Hansestadt Hamburg gehörende Wattgebiet liegt zwischen Elbe- und Wesermündung westlich von Cuxhaven. Das Gebiet, das schon seit 1982 teilweise unter Landschaftsschutz bzw. Naturschutz stand, umfasst eine Fläche von 11.700 ha. Neben dem Watt schließt es die Insel Neuwerk, die Düneninsel Scharhörn und das Neuland Nigehörn ein. Über einen spitzwinkligen Keil, der durch das Sahlenburger Watt verläuft, ist es mit dem Festland verbunden. Es erstreckt sich entlang dem Hauptfahrwasser der Elbmündung etwa 20 km hinaus in die Deutsche Bucht.

Im Gegensatz zu Niedersachsen und Schleswig-Holstein begnügen sich die bescheidenen Hamburger mit nur zwei Zonen: einer streng geschützten **Kernzone** (Zone 1), die etwa 90 % der Fläche ausmacht, und einer etwas weniger geschützten **Zone 2**, die den eingedeichten Kern der Insel Neuwerk einschließt.

Im gesamten Park ist es verboten, wild lebende Tiere zu stören, zu fangen oder zu töten. Damit ist auch die Jagd, die Fischerei, und der Muschelfang verboten. Eine Ausnahme bilden drei Fahrwasser der Kernzone, wo die Krabbenfischerei mit leichtem Geschirr erlaubt ist. Auch das Abpflücken von Pflanzen ist streng verboten.

Es ist verboten, außerhalb der extra ausgewiesenen Stellen bei den Höfen zu zelten oder zu lagern. Bis auf die Bereiche innerhalb des Deiches und den Hauptdeich selbst sind Hunde anzuleinen. Drachensteigen ist überall verboten mit Ausnahme der Binnendeichbereiche und Teilen des Hauptdeichs (verboten auf dem Ostdeich). Für die Kernzone gelten darüber hinaus noch folgende Vorschriften: Wandern und Reiten ist nur auf den mit Priggen oder anderweitig extra ausgezeichneten Wegen oder Routen erlaubt. Baden ist generell verboten. Scharhörn darf nur mit Führung des Vogelwarts der Insel betreten werden. Das Neuland Nigehörn darf überhaupt nicht betreten werden.

Für den Kleinen Vogelsand, der in der Kernzone nordöstlich von Neuwerk liegt, gelten Ausnahmen von den strengen Regelungen. Das Betreten des gesamten Gebietes ist erlaubt. Das Gleiche gilt für Reiter.

Weitere Informationen erhalten Sie im Naturschutzamt der Umweltbehörde Hamburg und in der Nationalparkstation auf der Turmwarft von Neuwerk (Adressen unter: 💻 www.conrad-stein-verlag.de).

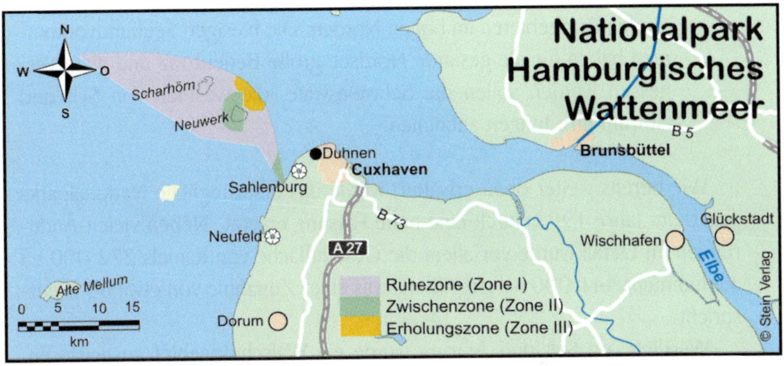

Nationalpark Schleswig-Holsteinisches Wattenmeer

Der Nationalpark Schleswig-Holsteinisches Wattenmeer erstreckt sich von der Elbmündung im Süden bis zur deutsch-dänischen Grenze im Norden. Ausgenommen sind die Inseln und die großen Halligen. Er ist der größte Nationalpark Deutschlands.

Das schleswig-holsteinische Wattenmeer zeichnet sich gegenüber den anderen Wattenmeergebieten durch eine Reihe von Besonderheiten aus:

- ▷ Es gehört zu den am wenigsten verschmutzten Bereichen.
- ▷ Alle anderen Gebiete unterliegen einem größeren Druck durch den Fremdenverkehr, der im schleswig-holsteinischen Teil am geringsten ist.
- ▷ Das schleswig-holsteinische Watt breitet sich von allen Gebieten am weitesten Richtung offene See aus.
- ▷ In keinem anderen Teil des Wattenmeeres gibt es die für das schleswig-holsteinische Watt typischen Halligen.

▷ Es beherbergt eine große Arten- und Individuenzahl von z.T. seltenen Tieren. Für weit über 1 Mio. Zugvögel, die hier gleichzeitig rasten, bietet das schleswig-holsteinische Wattenmeer den wichtigsten Rastplatz für ihren Flug zu den Überwinterungsquartieren in Afrika bzw. zu den Brutgebieten im hohen Norden. Die hiesigen Seehundvorkommen haben für die gesamte Nordsee große Bedeutung und nicht vergessen werden sollen die Schweinswale, die westlich von Sylt und Amrum ihre Jungen aufziehen.

Wie bereits weiter oben erwähnt, wurde das ursprüngliche Nationalparkgesetz im Jahre 1999 durch eine neue Fassung ersetzt. Neben vielen Änderungen im Detail wurde vor allem die Gesamtfläche von damals 272.000 ha auf nunmehr 441.000 ha vergrößert, was einer Zunahme von etwa 60 % entspricht.

Westlich von Sylt und Amrum wurde ein **Walschutzgebiet** ausgewiesen, das erste in Europa überhaupt. Im Walschutzgebiet sollen die bedrohten Schweinswale, die hier ihre Jungen aufziehen, vor Gefahren wie z.B. Speedbooten oder Fischerei geschützt werden. Darüber hinaus gibt es nun eine vollkommen **nutzungsfreie Kernzone**, in der selbst die Fischerei verboten ist.

Die heißen Diskussionen um das Parken auf dem Strand in St. Peter-Ording führten zu einem Kompromiss: Seit 2002 ist das Parken nur noch vom 15.6. bis zum 15.9 sowie zu Ostern und Pfingsten erlaubt.

Auch die **Zonierung** wurde vereinfacht. Waren es ursprünglich drei, so gibt es jetzt nur noch zwei Schutzzonen. Die Zone 1 ist die am stärksten geschützte. In ihr liegen u.a. die wichtigsten Seehundbänke, Brut-, Nahrungs- und Mauserplätze der Vögel sowie die Außensände und Salzwiesen.

Das Gesetz verbietet für den gesamten Nationalpark u.a., die Lebens- und Zufluchtstätten der Tiere oder die Standorte der Pflanzen zu beseitigen oder zu verändern. Pflanzen oder Pflanzenteile dürfen nicht entnommen werden. Wild lebenden Tieren darf nicht nachgestellt werden. Sie dürfen in keiner Weise beunruhigt werden, verletzt oder gar getötet. Auch ist es verboten, Eier oder sonstige Entwicklungsformen zu beschädigen oder an sich zu nehmen. Es dürfen keine Zelte oder andere bewegliche Unterkünfte aufgestellt werden.

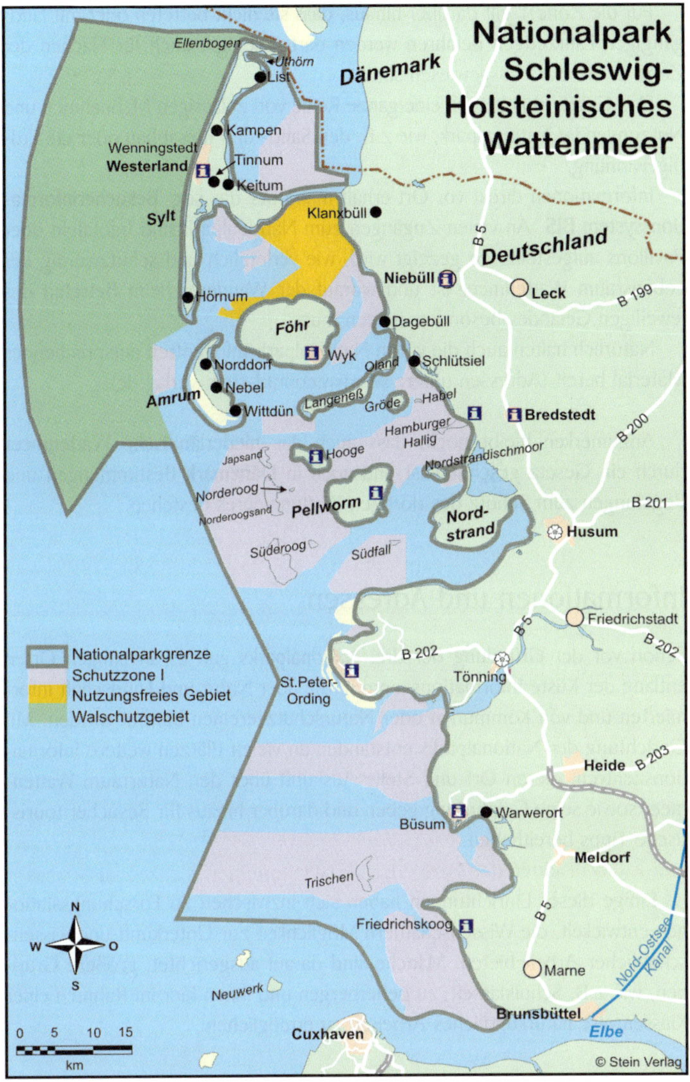
Nationalpark Schleswig-Holsteinisches Wattenmeer
Dänemark
Deutschland
Ellenbogen
Uthörn
List
Kampen
Wenningstedt
Westerland
Tinnum
Keitum
Sylt
Klanxbüll
Niebüll
Leck
Hörnum
Föhr
Wyk
Dagebüll
Oland
Schlütsiel
Norddorf
Nebel
Amrum
Wittdün
Langeneß
Gröde
Habel
Bredstedt
Hamburger Hallig
Hooge
Japsand
Nordstrandischmoor
Norderoog
Norderoogsand
Pellworm
Nord-strand
Husum
Süderoog
Südfall
Friedrichstadt
Tönning
St.Peter-Ording
Heide
Warwerort
Büsum
Meldorf
Trischen
Friedrichskoog
Marne
Neuwerk
Cuxhaven
Brunsbüttel
Elbe
Nord-Ostsee Kanal
B 5
B 199
B 200
B 201
B 202
B 203
Nationalparkgrenze
Schutzzone I
Nutzungsfreies Gebiet
Walschutzgebiet
N
W
O
S
0 5 10 15
km
© Stein Verlag

Für die Zone I gilt darüber hinaus, dass sie nicht betreten oder mit landgängigen Fahrzeugen befahren werden darf. Dies gilt auch für Flächen der Zone 2, die extra ausgewiesen sind.

Das Gesetz regelt auch eine ganze Reihe von zulässigen Maßnahmen und Nutzungen im Nationalpark, wie z.B. den Sand- und Kiesabbau oder die Erdölgewinnung.

Informationen direkt vor Ort erhält man über das sog. **Besucherinformationssystem BIS**. An vielen Zugängen zum Nationalpark sind Infotafeln oder Pavillons aufgestellt, wo gezeigt wird, wie verletzlich und schutzwürdig der Lebensraum Wattenmeer ist und worauf der Wanderer beim Betreten des jeweiligen Geländes besonders achten muss.

Natürlich halten auch die vielen Nationalpark-Infozentren entsprechendes Material bereit (Adressen unter: 💻 www.conrad-stein-verlag.de).

Anzumerken bleibt noch, dass auch das **niederländische Wattenmeer** durch ein Gesetz geschützt ist und auch in **Dänemark** Bestimmungen und Regelungen zum Schutz des dortigen Wattenmeeres bestehen.

Informationen und Adressen

Schon vor der Gründung der drei Nationalparks gab es an einigen Orten entlang der Küste Informationszentren, die über Natur und Landschaft informierten und von Kommunen oder Naturschutzvereinen betreut wurden. Mit Einrichtung der Nationalparks entstanden an vielen Plätzen weitere Informationszentren, die an Ort und Stelle Auskunft über den Naturraum Wattenmeer sowie seine Gefährdung geben und darüber hinaus für Besucher touristische Tipps bereithalten.

Einige dieser Einrichtungen haben sich inzwischen zu Forschungsstationen entwickelt, die Wissenschaftlern Möglichkeit zur Unterkunft und wissenschaftlicher Arbeit bieten. Manche sind darauf ausgerichtet, größere Gruppen, wie z.B. Schulklassen, zu beherbergen und ihnen hier im Rahmen einer Klassenreise naturkundliches Arbeiten zu ermöglichen.

Von den meisten Zentren aus werden unter fachkundiger Leitung auch Wanderungen durch das Watt oder andere naturkundliche Führungen veranstaltet.

In einigen Häusern sind kleinere Ausstellungen eingerichtet, die über einzelne Aspekte des Naturraumes Watt informieren. Die Zentren werden von den Nationalparkämtern, Naturschutzverbänden bzw. -vereinen oder auch den Kommunen betrieben.

Adressen und Öffnungszeiten der verschiedenen Zentren finden sie auf unserer Homepage (💻 www.conrad-stein-verlag.de).

Vogelschwarm im Watt

Watt als Weltnaturerbe

Footprints im winterlichen Watt

Die Organisation der Vereinten Nationen für Erziehung, Wissenschaft und Kultur (UNESCO) zeichnet einzigartige Naturphänomene und menschliche Kulturleistungen aus. Diese als Welterbe bezeichneten Objekte und Landschaften sind von außergewöhnlicher Bedeutung und sollen für zukünftige Generationen erhalten werden. Voraussetzungen für die Aufnahme eines Gebiets in die Liste des Weltnaturerbes sind, dass es einen außergewöhnlichen, universellen Wert besitzt, weitestgehend unversehrt ist und dass der Schutz des Gebiets gewährleistet ist.

Zum Weltnaturerbe zählen unter anderem die Galapagos-Inseln im Pazifischen Ozean, der Kilimandscharo in Afrika und das Great Barrier Reef in Australien. Seit Juni 2009 hat nun auch das Wattenmeer den Status des UNESCO-Weltnaturerbes bekommen. Ein rund 400 km langer Küstenstreifen von den Niederlanden bis an die Grenze Dänemarks wurde mit diesem Status ausgezeichnet. Dieses Gebiet hat eine Größe von fast 10.000 Quadratkilometern.

Welterbe Wattenmeer

Die UNESCO wendet verschiedene Kriterien an, um zu bewerten, ob ein Gebiet zum Welterbe zählt oder nicht. Das Wattenmeer erfüllt drei dieser Kriterien:

Das erste Kriterium ist das **Biodiversitäts-Kriterium**. Hier wird bestimmt, inwieweit ein Gebiet für die Erhaltung der biologischen Vielfalt weltweit von Bedeutung ist. Das Wattenmeer stellt einen Lebensraum für unzählige Tier- und Pflanzenarten dar. Es ist die Lebensgrundlage für etwa 10.000 Arten einzelliger Organismen, Pflanzen, Pilze und Tiere. Jährlich durchqueren zwischen 10 und 12 Millionen Zugvögel das Watt und finden dort genug Nahrung, um sich für ihre lange Reise zwischen Brutgebieten und Überwinterungsgebieten zu stärken.

Außerdem erfüllt das Wattenmeer das **Ökologie-Kriterium**. Dieses beschreibt ökologische und biologische Prozesse in der Entstehung und Weiterentwicklung von Ökosystemen. Im Wattenmeer sorgen die Gezeiten,

Wind und Wetter dafür, dass sich der Lebensraum Watt ständig ändert. Das Wattenmeer zeigt, dass es Tieren und Pflanzen möglich ist, sich an die ständig wechselnden Gegebenheiten anzupassen.

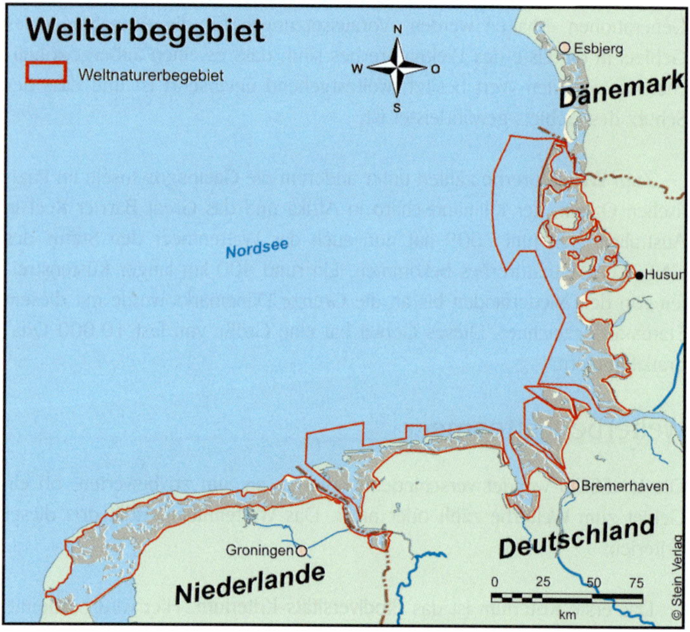

Das dritte vom Watt erfüllte Kriterium ist das **Geologie-Kriterium**. Es beschreibt geologische Prozesse und physiographische Merkmale. Das Wattenmeer ist eine außergewöhnlich dynamische Landschaft. Unter dem Einfluss der Gezeiten hat sich eine einmalige Landschaft entwickelt, welche sich bis heute ständig verändert. Man kann zusehen, wie die Landschaft in wenigen Tagen neu gestaltet wird. Die Salzwiesen, Dünen, Wattflächen und Sände werden durch Wind und Wetter abgetragen und an anderer Stelle abgelagert.

Wandern im Watt

Beim Wattwandern im Winter muss man sich warm anziehen

Ausrüstung

Spezielle Ausrüstung zum Wandern im Watt gibt es nicht und ist auch nicht erforderlich. In der warmen Jahreszeit, etwa von Mitte Mai bis Mitte September laufen die meisten Wanderer barfuß. Das ist nicht nur gesund für die Füße, sondern vermittelt auch ein angenehmes Gefühl, vorausgesetzt Wasser und Sand bzw. Schlick sind nicht zu kalt. Aufpassen muss man allerdings auf Muschelschalen, die oft sehr scharfkantig sind und an denen man sich leicht verletzen kann. Wer nicht barfuß laufen mag, kann sich auch Socken überziehen, die aber nicht aus Wolle sein sollten. Unverbesserliche Landratten gehen mit Turnschuhen ins Watt. Da man aber schnell nasse Füße bekommt und Sand in den Schuh gelangen kann, ist die Gefahr groß, an den Füßen Blasen und wunde Stellen zu bekommen. Außerdem erschweren Schuhe das Laufen im Watt erheblich.

In der kälteren Jahreszeit sind möglichst festsitzende und hohe Gummistiefel angebracht. Beim Durchwaten von Prielen können diese allerdings volllaufen. Auch im Schlickwatt muss man aufpassen. Wenn die Stiefel nicht ganz fest sitzen, zieht man häufig nur den Fuß aus dem Schuh heraus. Der Gummistiefel bleibt dann im Schlick stecken, manchmal verliert man das Gleichgewicht und landet selbst im Schlick, was natürlich bei den Wanderkollegen ein schadenfrohes Gelächter hervorruft und einem selbst nasse und schmutzige Kleidung beschert.

Wegen der Gefahr, sich durch Muschelschalen blutende Schnittverletzungen an den Füßen zuzuziehen, sind für Wanderer, die blutverdünnende Medikamente einnehmen müssen, Gummistiefel Pflicht.

Wenn es warm ist, wandert man in kurzer Hose bzw. Badehose oder -anzug. Bedenken Sie aber, dass meist ein kühler Seewind über das Watt weht. Auch wenn es am Strand in Deichnähe noch so warm ist, kann es auf dem Watt empfindlich kühl sein, so dass Sie immer einen Pulli oder Ähnliches zum Überziehen mitnehmen sollten.

Bei kühler Witterung laufen Sie in langen Hosen und warmem Pulli. Bei Regen sollten Sie eine Regenjacke nicht vergessen.

In einem kleinen Tagesrucksack sollten Sie Kleidung zum Wechseln mitnehmen, da die Routen oft durch Priele führen, in denen die Hosen zumindest im unteren Bereich nass werden können. Wenn der Rucksack nicht regendicht ist, sollten Sie ihre Wechselkleidung vorher in Plastiktüten verpacken, damit sie auch wirklich trocken bleibt.

Auf dem Festland, den Inseln oder Halligen angekommen besteht oft die Möglichkeit, sich Füße und Beine zu waschen, daher sollten Sie ein Handtuch mitnehmen. Dies leistet auch gute Dienste, wenn Sie unterwegs baden wollen. Denken Sie auch an Geld, wenn Sie sich auf den Inseln etwas kaufen wollen. Auch für eine eventuell mit dem Schiff geplante Rückfahrt benötigen Sie Geld.

Für längere Touren sollten Sie eine kleine Zwischenmahlzeit (vor allem ein Getränk, denn das Meerwasser können Sie nicht trinken) mitnehmen.

Im Sommer sollten Sie auch an bedeckten Tagen an Sonnenschutz denken (an sonnigen sowieso). Die Belastung durch Sonnenstrahlung ist im Watt durch das zusätzlich reflektierte Licht des Wasserfilms auf dem Wattboden besonders intensiv. Darüber hinaus geht das Gefühl für die tatsächliche Strahlungsintensität der Sonne verloren, weil fast immer ein kühlender Wind weht. Schützen Sie sich vor zu viel Sonnenstrahlen durch ein Sonnenschutzmittel und/oder entsprechende Bekleidung, Sonnenbrille und eventuell Sonnenhut.

Um kleinere Schnittwunden zu versorgen, die man sich an den scharfkantigen Muschelschalen zuziehen kann, sollten Sie Heftpflaster dabeihaben.

Wenn Sie Muscheln, Bernstein oder andere Dinge sammeln wollen, sollten Sie einen kleinen Stoff- oder Plastikbeutel mitnehmen. Beachten Sie aber bitte, dass Sie Pflanzen oder gar lebende Tiere nicht mitnehmen dürfen.

Gute Dienste leistet auch ein Fernglas und eventuell ein Bestimmungsbuch (☞ Literaturhinweise).

Wenn Sie entgegen der Ratschläge doch größere Wanderungen ohne ortskundigen Führer unternehmen wollen, sei Ihnen dringend die Mitnahme eines **Kompasses** und einer **Karte** angeraten. Die Bedingungen im Watt können sich auch bei gutem Wetter sehr schnell ändern und leicht kann Nebel aufziehen. Wenn Sie dann den Sichtkontakt zum Festland verloren haben, fällt die Orientierung schwer und es kann leicht passieren, dass Sie anstatt dem rettenden Festland der offenen See zustreben.

Verhalten im Watt

Wie wir bereits weiter oben gesehen haben, ist der Naturraum Wattenmeer eine sehr sensible Landschaft, die auf Störungen und Eingriffe jeder Art sehr empfindlich reagiert. Dies gilt nicht nur für die unbelebte Landschaft, sondern im gleichen Maße auch für Pflanzen und Tiere.

Um mögliche Störungen und Zerstörungen so gering wie möglich zu halten, ist es selbstverständlich, dass man bestimmte Regeln beachten muss, wenn man sich im Watt aufhält. Da das Watt für den unerfahrenen Wattwanderer eine Reihe von Gefahren in sich trägt, sind natürlich auch bestimmte Sicherheitsregeln einzuhalten, auf die aber in einem eigenen Kapitel eingegangen werden soll.

Im Folgenden werden die wichtigsten Verhaltensregeln für den Aufenthalt im Watt wiedergegeben. Vergleichen Sie auch das Kapitel über die Nationalparks, in denen weitere spezielle Hinweise enthalten sind. Darüber hinaus erhalten Sie in den Infozentren der Nationalparkverwaltungen, von den entsprechenden Natur- oder Umweltschutzvereinen oder den Touristenbüros der Fremdenverkehrsgemeinden weitere, speziell auf das jeweilige Gebiet ausgelegte Informationen, die unbedingt beachtet werden müssen.

▷ Unternehmen Sie Wattwanderungen nur unter der Leitung von **ortskundigen Wattführern**. Dies dient auch Ihrer eigenen Sicherheit.
▷ Bleiben Sie auf den gekennzeichneten **Wegen** oder markierten **Routen**.
▷ Benutzen Sie in den Dünenbereichen die markierten Überwege.
▷ Besonders empfindlich reagieren **Vögel** auf Störungen. Halten Sie daher einen Abstand von mindestens 500 m zu nahrungssuchenden, rastenden, brütenden und mausernden Vögeln ein.

- Vielfach ist das Mitführen von **Hunden** generell verboten. Wenn nicht, lassen Sie Ihren Hund nicht frei laufen. Frei laufende Hunde gefährden insbesondere die Vögel, da diese von ihnen aufgescheucht werden.
- Halten Sie einen Mindestabstand von 500 m zu den Seehundsbänken ein, da **Seehunde** an Land schnell auf Störungen reagieren und bei Annäherung des Menschen sofort ins Wasser fliehen, wodurch ihr Lebensrhythmus empfindlich gestört wird.
- Pflücken Sie keine **Pflanzen**. Die Pflanzen im Wattenmeer sind oft sehr selten und z.T. stark gefährdet und besonders geschützt. Darüber hinaus haben einige Arten wichtige Funktionen im Küstenschutz.
- Lassen Sie keinen **Müll** zurück.

Möwen ernähren sich auch von Abfällen (📷 Bochdan Melcel)

- **Wildes Lagern** oder Campen führt zu erheblichen Störungen der Tier- und Pflanzenwelt und ist daher verboten. Campen ist nur an den dafür vorgesehenen Plätzen erlaubt. Das Lagern in den Dünen ist verboten.
- Erzeugen Sie keinen unnötigen Lärm. Radio und andere Musikgeräte gehören nicht ins Watt.

▷ Beachten Sie auch die weiteren Rechtsgrundlagen, wie z.B. Naturschutzgesetze, Deichgesetze oder Ortssatzungen der einzelnen Gemeinden. Verstöße gegen einzelne Verordnungen und Gesetze können mit empfindlichen Geldbußen geahndet werden.

Obwohl man beim Wattwandern nur in den seltensten Fällen einen **Drachen** steigen lässt, soll auf dieses Problem an dieser Stelle dennoch kurz eingegangen werden. Worüber sich die meisten Drachenpiloten nicht im Klaren sind, ist der Umstand, dass der in den Lüften fliegende Drachen von den Vögeln als Feind angesehen wird, der sich überdies noch besonders schnell in alle Richtungen bewegen kann. Darüber hinaus erzeugen die Drachen Geräusche, die noch in einer Entfernung von 500 m zu hören sind.

Geräusche und Flugbild stressen die Vögel, sie fliehen oder gehen in Deckung, können nicht genügend fressen und verlassen u.U. sogar ihre Nester oder Jungen.

Lassen Sie Ihre Drachen daher nicht in oder in der Nähe der Schutzzonen steigen. Halten Sie einen weiten Abstand von sensiblen Bereichen. Weichen Sie nach Möglichkeit auf die Gebiete im Binnenland hinter den Deichen aus. Beachten Sie die Sonderregelungen, die in vielen Gemeinden bestehen.

Sicherheitsregeln

Ähnlich wie Wüsten, Hochgebirge oder andere extreme Naturräume auch, birgt das Watt für den unerfahrenen Wanderer eine Reihe von Gefahren für Leib und Leben, die unbedingt beachtet werden müssen, wenn man sich oder andere nicht in Schwierigkeiten oder Gefahr bringen will.

Allen voran steht die Regel, dass sich unerfahrene Wattwanderer **niemals ohne einen ortskundigen Wattführer** für eine längere Tour ins Watt wagen sollten. Wer sich dennoch ohne Führer ins Watt begeben will, sollte unbedingt folgende Sicherheitsregeln beachten:

▷ Erkundigen Sie sich vor Beginn der Tour anhand des **Tidenkalenders** über die Zeiten von Hoch- und Niedrigwasser. In den meisten Nordseebädern werden die möglichen Zeiten zum Wattwandern an geeigneten Stellen ausgehängt und täglich aktualisiert.

- ▷ Informieren Sie sich anhand einer **Karte** über die Lage des Gebietes und nehmen Sie einen **Kompass** mit.
- ▷ Beachten Sie **Windstärke und Windrichtung**, da beide Einfluss auf das auflaufende Wasser haben. Unter Umständen steigt die Flut viel schneller als normal und erwartet. Bei starkem Westwind sollten Sie nicht losgehen.
- ▷ **Starten Sie niemals bei auflaufendem Wasser**. Je nach Strecke liegt der günstigste Zeitpunkt zum Aufbruch bei zwei Stunden oder mehr vor Niedrigwasser.
- ▷ **Gehen Sie nie zu weit ins Watt hinaus.** Behalten Sie immer Sichtkontakt zum Land.
- ▷ Seien Sie vorsichtig beim **Durchqueren von Prielen**. Priele, in denen eine starke Strömung herrscht, sollten Sie nicht durchqueren.
- ▷ **Baden** Sie **in Prielen** nur vor Niedrigwasser.
- ▷ Nach **Niedrigwasser** darf kein Priel mehr zwischen Ihnen und dem Ziel liegen.
- ▷ **Gehen Sie nur bei Tag ins Watt**.
- ▷ Gehen Sie nicht bei **Nebel** oder wenn die Gefahr besteht, dass Nebel aufzieht, ins Watt.
- ▷ Gehen Sie auf keinen Fall bei **Gewitter** oder wenn Gewitter vorhergesagt wurde ins Watt.
- ▷ Muschelschalen sind oft sehr scharfkantig. Seien Sie vorsichtig, wenn Sie **barfuß laufen**. Dies gilt insbesondere für Muschelbänke.
- ▷ Denken Sie an **entsprechende Kleidung und Sonnenschutz** (☞ unter Ausrüstung).
- ▷ Vor dem Losgehen sollten Sie sich **abmelden** und nach der Rückkehr wieder **zurückmelden**.

In einigen Badeorten gibt es spezielle Signaleinrichtungen, die vor dem Betreten des Watts warnen oder die Wanderer auffordern, sofort aus dem Watt zurückzukehren. Dies kann z.B. ein hochgezogener roter Signalball sein. Erkundigen Sie sich vor Ort nach den jeweiligen Gegebenheiten.

An manchen Stellen im Watt wurden **Rettungsbaken**, meist stählerne Türme mit einer Plattform, errichtet. Wenn Sie bei auflaufendem Wasser in

Gefahr geraten, sollten Sie sich unverzüglich auf die Plattform einer solchen Bake begeben, wo Sie in Sicherheit sind. Mit den auf der Plattform befindlichen Signalmitteln können Sie die Rettungskräfte auf sich aufmerksam machen. Es versteht sich von selbst, dass sowohl Baken als auch Signalmittel nur in Notfällen benutzt werden dürfen.

Wattführer

Wie in den Alpen die Bergführer sind es im Wattenmeer die Wattführer, die ortsunkundige Besucher sicher durch diesen extremen Lebensraum führen. Beide Berufsgruppen weisen naturgemäß eine ganze Reihe von Parallelen auf.

Meist handelt es sich bei diesen Führern um langansässige Küstenbewohner, die diese Tätigkeit oft von ihrem Vater übernommen haben, der sie ebenfalls vom Vater übernommen hatte. Sie kennen sich im Watt bestens aus und können ausführlich Auskunft geben zu Natur und Landschaft sowie Kultur und Geschichte. Viele von ihnen sind in Erster Hilfe geschult und haben zumindest ein Mobiltelefon dabei, um im Notfall sofort Hilfe anfordern zu können.

Durch die Entwicklung des Tourismus wurde der Bedarf nach Wattführern an der Küste immer größer und gleichzeitig entwickelten sich die Standards, nach denen die individuellen Führer ihre Touren organisieren und durchführen, immer weiter auseinander.

Um der Gefahr eines gewissen Wildwuchses gegenzusteuern und einheitliche Leistungsstandards für Wattführer zu etablieren, sind in verschiedenen Regionen des Wattenmeeres unterschiedliche Bestrebungen im Gange, Qualitätssiegel oder Zertifikate an Wattführer zu verleihen, wenn sie sich zu bestimmten Bedingungen verpflichten.

Kontaktinformationen von Wattführern und Vereinen in den jeweiligen Wandergebieten finden Sie auf unserer Homepage:
💻 www.conrad-stein-verlag.de.

Wanderrouten

Es wurde bereits mehrfach darauf hingewiesen, dass ortsunkundige Wanderer längere Touren im Watt nur mit einem Wattführer unternehmen sollten. Daher wird in diesem Buch auch bewusst darauf verzichtet, einzelne Beschreibungen von Wattwegen oder Touren anzugeben. Dennoch sollen in einer Übersicht verschiedene Möglichkeiten für Wanderungen im Watt aufgezeigt werden.

Niedersachsen und Hamburg

Auch im niedersächsischen und Hamburger Wattenmeer gibt es eine Fülle lohnender Touren. Besonders beliebt ist der Wattwanderweg nach Neuwerk und die Routen zu den ostfriesischen Inseln, von denen allerdings nur Norderney, Baltrum, Langeoog und Spiekeroog sowie Minsener Oog auf einer Wattwanderung erreicht werden können. Die anderen Inseln sind entweder zu weit entfernt oder liegen in der Ruhezone.

Schleswig-Holstein

Im nördlichen Teil des deutschen Wattenmeeres sind eine ganze Reihe von Möglichkeiten vorhanden, auf längeren oder kürzeren Touren das Watt zu erkunden.

Weitere Informationen zu Wanderrouten und Adressen von ortskundigen Wattführern finden Sie auf unserer Homepage:
www.conrad-stein-verlag.de.

Naturschutz aktiv

Ohne Worte

Welcher junge Mensch träumt nicht schon mal davon, ganz allein, wie Robinson Crusoe auf einer einsamen Insel zu leben. Bei den meisten schweifen die Gedanken dann in Richtung Südsee und es bleiben in der Regel nur Träume. Nur wenige wissen, dass auch vor der eigenen Haustür die Möglichkeit besteht, ein mehr oder weniger abenteuerliches Inselleben zu führen.

Für Zivildienstleistende oder Praktikanten bzw. Praktikantinnen gibt es die Gelegenheit, bei einer der vielen Naturschutzorganisationen, die im Nationalpark aktiv sind, im praktischen Naturschutz tätig zu werden. Es gibt keine Region in Deutschland, in der so viele Stellen für junge Leute in der Naturschutzarbeit angeboten werden, wie in den drei Nationalparks Wattenmeer. So beschäftigt z.B. allein die Schutzstation Wattenmeer in Schleswig-Holstein 34 Zivildienstleistende und ebenso viele Praktikanten und Praktikantinnen.

Vögel werden zu Forschungszwecken beringt

Die möglichen Tätigkeiten sind vielfältig. Sie reichen von der Informations- und Bildungsarbeit über praktische Naturschutzarbeit im Gelände bis hin zur wissenschaftlichen Datenerfassung. Die Zivis oder Praktikanten halten Vorträge, leiten naturkundliche Führungen und sind bei der Planung und

Durchführung von Ausstellungen dabei. Sie betreuen Schutzgebiete, lenken deren Besucher und unterstützen die hauptamtliche Nationalparkwacht. Sie führen Zählungen von Wat- und Wasservögeln sowie anderen Meerestieren durch. Sie machen Brutvogelkartierungen und Spülsaumkontrollen. Sie sind eingebunden in internationale Forschungs- und Überwachungsprojekte. Sie machen Öl-Kontrollgänge an den Stränden und sind am Aufbau von Schutzzonen für Robben oder brütende Vögel beteiligt. Diese Aufzählung soll nur einen Eindruck von den vielfältigen Aufgaben vermitteln, die in der praktischen Naturschutzarbeit zu leisten sind. Sie ließe sich noch verlängern.

Die jungen Naturschützer arbeiten in der Regel selbstständig unter der Anleitung von hauptamtlichen Biologen. Vielfach wird am Arbeitsort eine Unterkunft zur Verfügung gestellt. Es gibt Stellen in den großen Informationszentren auf dem Festland oder den Inseln mit regem Publikumsverkehr, aber auch solche auf unbewohnten Inseln, Halligen oder Sänden, die nicht von Besuchern betreten werden dürfen. Die hier lebenden Naturschutzwarte teilen das Eiland nur mit den Tieren. Sie sind oftmals für einen längeren Zeitraum völlig von der Zivilisation abgeschnitten.

Engagierte "Naturfreaks" beiderlei Geschlechts können sich bei einem der zahlreichen Naturschutzvereine, die im Wattenmeer praktische Naturschutzarbeit leisten, um einen Platz bewerben (weitere Informationen auf www.conrad-stein-verlag.de). Auskünfte erteilen auch die Nationalparkverwaltungen. Die Organisationen sind ständig auf der Suche nach engagierten, jungen Menschen, die sich für den Schutz der Natur einsetzen wollen.

Glossar
Literatur
Internetadressen
Index

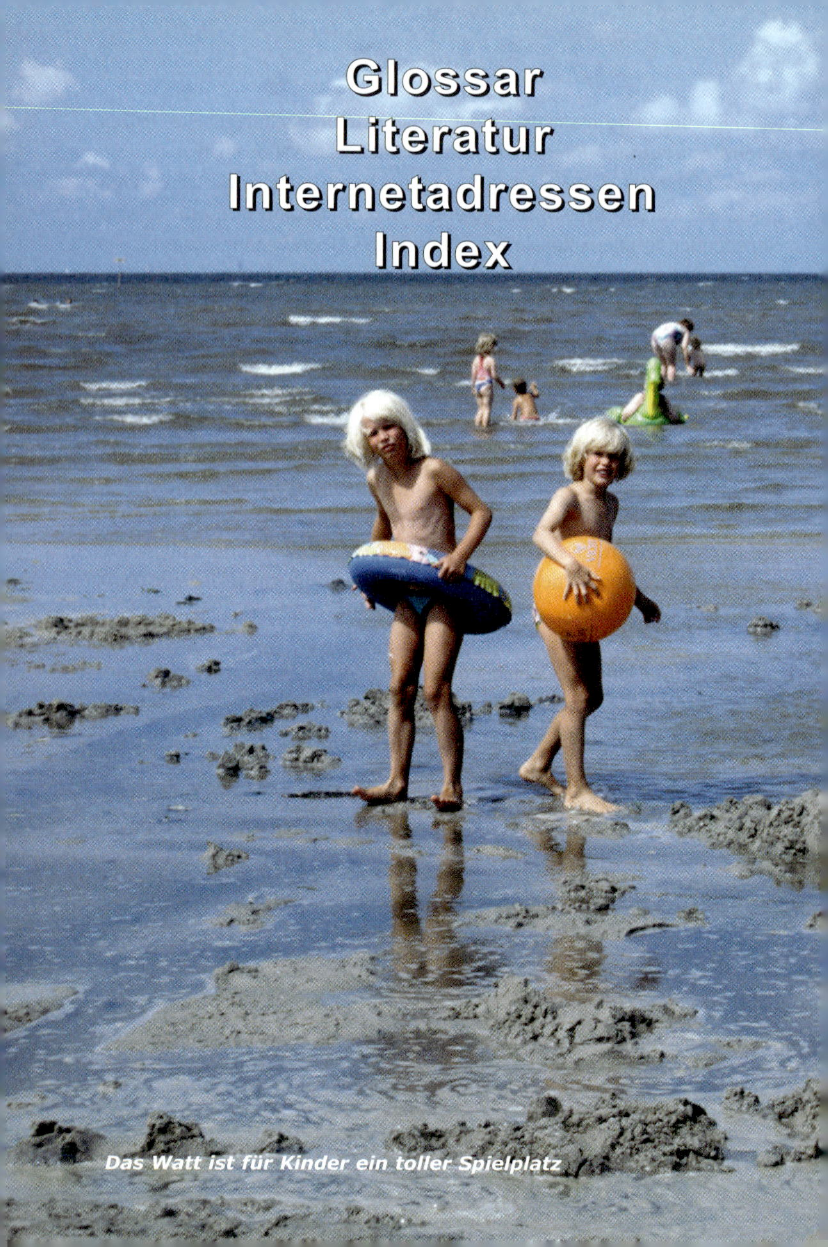

Das Watt ist für Kinder ein toller Spielplatz

Glossar

Im folgenden Glossar sind einige Fach- und Spezialbegriffe aufgeführt, die im Text benutzt werden und an dieser Stelle näher erläutert werden sollen.

Abbruchkante	unbefestigtes Ufer im Vorland und auf den Halligen
abiotisch	nicht durch Leben oder biologische Systeme bedingt, unbelebt
adult	erwachsen, geschlechtsreif
Aue	Tief; große, tiefe Rinne im Wattenmeer
Auflandung	durch Schlickablagerung bedingte Erhöhung des Vorlandes
Außensände	größere, der Küste vorgelagerte Sandbänke
Bake	Orientierungszeichen für den Schiffsverkehr
Balje	Ein Wattstrom (Fahrrinne)
Benthos	Lebensgemeinschaft aus Pflanzen und Tieren, die im Bodenbereich von Gewässern leben
Brackwasser	Gemisch aus Süß- und Salzwasser
Buhne	Küstenschutzbauwerk, das Strömungen parallel zum Ufer verhindern soll
Detritus	feines Material, das durch Zersetzung von Tier- und Pflanzenresten entstanden ist; enthält im Wasser noch mineralische Sinkstoffe
Diatomeen	Kieselalgen
Ephyralarve	von einem Polypen abgeschnürte Larve der Quallen
Errantia	frei lebende Borstenwürmer, Ordnung der Polychaeten
Eutrophierung	überhöhte Zuführung von Nährstoffen in Gewässern, Überdüngung von Gewässern
Fahrwasser	Schifffahrtsweg, der durch Seezeichen gekennzeichnet ist
Fething	Grube auf den Halligen zum Sammeln von Regenwasser für das Vieh

Taschenkrebs mit Miesmuschelschalen

Filtrierer	Tiere, die einen Wasserstrom erzeugen, aus dem sie mit Hilfe spezieller Einrichtungen (Filter, Netze) Nahrungspartikel aussieben, die dann der Mundöffnung zugeführt werden
Flutmarke	Spülsaum, der den höchsten Wasserstand anzeigt
Gammel	Beifang beim Fischen, der für die menschliche Ernährung unbrauchbar ist und oft zu Fischmehl verarbeitet wird
Geest	höher gelegene, in der Eiszeit entstandene Moränengebiete, die sich an die Marschen der Nordseeküste anschließen
Generationswechsel	Wechsel zwischen geschlechtlicher und ungeschlechtlicher Vermehrung z.B. bei vielen Nesseltieren
Gliep	Schiebenetz zum Fang von Garnelen und anderen Tieren im Watt
Groden	Vorland, das über der normalen Fluthöhe liegt
Grüppe	künstlich angelegter Entwässerungsgraben

Heuler	junger Seehund, der zeitweise (in seltenen Fällen für immer) von seiner Mutter verlassen ist
Hever	Tief; große, tiefe Rinne im Wattenmeer
Kentern	Umkehr des Gezeitenstromes
Klappen	Schalen toter Muscheln
Lahnung	doppelte Reihe von Holzpfählen, die mit Reisigbüscheln verfüllt sind, dienen der Auflandung
Landunter	Überflutung von Halligen
Lee	dem Wind abgewandte Seite
Limicolen	Watvögel

Limicolen bei der Nahrungssuche am Spülsaum

Luv	dem Wind zugekehrte Seite
Marsch	flache Küstenbereiche und Flusstäler, die durch nacheiszeitliche Ablagerungen entstanden sind
mäandrieren	viele Schlingen bildend
Moräne	durch Gletscher abgelagertes Gesteinsmaterial

Landgewinnung vor Friedrichskoog im Hintergrund eine Ölbohrinsel

Nekton	Bezeichnung für alle im freien Wasserraum lebenden Organismen, die einen Ortswechsel aktiv durchführen können, z.B. Fische
Paläarktis	tiergeografische Region, die den nicht-tropischen Teil Europas und Asiens umfasst
Pelagos	Lebensgemeinschaft aus Pflanzen und Tieren, die im Freiwasserraum von Gewässern leben
Pelagial	Freiwasserraum eines Gewässers
Piep	Tief; große, tiefe Rinne im Wattenmeer
Plankton	Bezeichnung für alle im freien Wasserraum lebenden Organismen, die einen horizontalen Ortswechsel nicht oder nur sehr begrenzt aktiv durchführen können
Polder	dem Meer durch Eindeichung abgewonnenes Marschland
Prigge	Reisigbüschel zur Kennzeichnung von Wander- oder Reitwegen im Watt

Radula	Raspelzunge der Schnecken
Rippel	wellenförmige Furchen im Boden des Sandwatts
Sedentaria	festsitzende Borstenwürmer, Ordnung der Polychaeten
Seezeichen	Hinweise auf Fahrwasser, Untiefen und Gefahrenstellen
Schill	Anhäufung von Muschelschalen
Seegatt	Hauptpriel im Wattenmeer, Tief
Spülsaum	Wall aus angeschwemmtem Treibsel
Stauwasser	Umkehr des Gezeitenstromes
Stillwasser	Umkehr des Gezeitenstromes
Strobilation	ungeschlechtliche Vermehrung bei Nesseltieren durch Abschnürung von Medusenlarven bei Polypen
Teek	Spülsaum
Thallus	Bezeichnung für den vielzelligen Vegetationskörper der Niederen Pflanzen, der noch nicht in echte Organsystem untergliedert ist, wie z.B. bei den Algen
Tonne	Seezeichen, das im Wasser schwimmt und am Boden verankert ist
Treibsel	ans Ufer geschwemmte Dinge
Vorland	Land zwischen Deich und Abbruchkante, meist Salzwiesen
Warft	künstlicher Erdhügel auf den Halligen und in den Marschen für ein oder wenige Wohnhäuser
Wurt	künstlicher, größerer Erdhügel in den Marschen für mehrere Wohnhäuser

Literatur

Über das Wattenmeer ist eine Vielzahl von Büchern aller Kategorien erschienen. In der folgenden kurzen Liste sind deshalb nur exemplarisch einige herausgegriffen worden. Um Ihnen die Suche zu erleichtern, wurden sie nach Kategorien geordnet.

Natur- und Landschaftsführer

- **Bergmann, Hans-Heiner & Stock, Martin & Zucchi, Herbert: Watt - Lebensraum zwischen Land und Meer**, Boyens Buchverlag, 188 Seiten, € 9,90, ISBN 978-3-804212244
- **Janke, Klaus & Bruno P. Kremer: Das Watt: Alle wichtigen Tiere und Pflanzen in ihren Lebensräumen. Führer zu den Nationalparken**, Kosmos (2003), 128 Seiten, € 9,95, ISBN 978-3-440094495
- **Künnemann, Thorsten: Salzwiesen. Überleben zwischen Land und Meer**, Isensee Oldenburg (1997), 217 Seiten, € 14,90, ISBN 978-3-895984143
- **Kremer & Gosselck & Janke: Der große Kosmos-Naturführer Strand und Küste**. Nord- und Ostsee Kosmos (2005), 154 Seiten, € 14,95, ISBN 978-3440093955

Tiere und Pflanzen

- **Frei, Herbert & Herzer, Kathrin: Giftige und gefährliche Meerestiere: Bestimmung - Umgang - Erste Hilfe** Müller Rüschlikon (2007), 204 Seiten, € 19,95, ISBN 978-3-275016013
- **Gehrmann, Sven: Die Fauna der Nordsee - Niedere Tiere I: Krebstiere, Asselspinnen, Ringelwürmer, Stachelhäuter, Manteltiere & Schwämme** Books on Demand Gmbh (2008), 204 Seiten, € 33,95, ISBN 978-3-981255300
- **Gehrmann, Sven: Die Fauna der Nordsee - Wirbeltiere: Meerestiere der nordeuropäischen Küsten** Books on Demand GmbH (2009), 172 Seiten, € 28,95, ISBN 978-3-981255317
- **Haeckel, Ernst: Kunstformen der Natur**, Marixverlag (2004), Das Buch des von 1834 bis 1919 lebenden Biologen ist ein Faksimile mit faszinierenden Zeichnungen aus der Natur. Auf den 100 Tafeln werden eine Reihe verschiedener, oft mikroskopisch kleiner Tiere, aber auch z.B. Schwämme, Quallen oder Meeresschnecken dargestellt. 279 Seiten, € 25, ISBN 978-3-937715179
- **Nelo, Cornelius: Robben an Nord- und Ostseeküste** Hinstorff (2008), 79 Seiten, € 12,90, ISBN 978-3-356012828
- **Heinzel, Hermann u.a.: Pareys Vogelbuch**, BLV München (1996), 384 Seiten, € 64,89, ISBN 978-3-826381218

- ▷ **Janke, Klaus & Kremer, Bruno P.: Düne, Strand und Wattenmeer - Tiere und Pflanzen unserer Küsten** Kosmos Stuttgart (2009), 319 Seiten, € 12,95, ISBN 978-3-440117408
- ▷ **Kilias, Rudolf (Hrsg.): Lexikon marine Muscheln und Schnecken**, Verlag Eugen Ulmer (1997), 340 Seiten, € 19,90, ISBN 978-3-800131051
- ▷ **Muus, Bent J.: Die Meeresfische Europas in Nordsee, Ostsee und Atlantik**, Franckh-Kosmos Stuttgart (1999), 336 Seiten, € 26,90, ISBN 978-3440078044
- ▷ **Sommer, Ulrich: Algen, Quallen, Wasserfloh - Die Welt des Planktons**, Springer Verlag Berlin (1996), 192 Seiten, € 21,95, ISBN 978-3540603078
- ▷ **Schmidt, Horst & Proll, Rudi: Taschenatlas Groß- und Wassergeflügel** Ulmer (Eugen) (2008), 128 Seiten, € 12,90, ISBN 978-3800153930

Umwelt

- ▷ **Lozán, José u.a.: Warnsignale aus Nordsee und Wattenmeer: Eine aktuelle Umweltbilanz Wissenschaftliche Auswertungen** (2003), 448 Seiten, € 25,00, ISBN 978-3-000101663

Fotobände

- ▷ **Abrahamse, Jan u.a.: Das Wattenmeer: Kulturlandschaft vor und hinter den Deichen** Theiss (2005), 315 Seiten, € 19,90, ISBN 978-3-806219845
- ▷ **Quedens, Georg: Das Wattenmeer. Eine Bildreise**, Ellert und Richter Hamburg (2002), 95 Seiten, € 9,90, ISBN 978-3-831900251

Internetadressen

Nationalparks

- ▷ 💻 www.wattenmeer-nationalpark.de
- ▷ 💻 www.nationalpark-wattenmeer.niedersachsen.de
- ▷ 💻 www.nationalpark-hamburgisches-wattenmeer.de
- ▷ 💻 www.wattenmeer-nationalpark.de/main.htm

Urlaubsregionen

Ostfriesland

▷ 💻 www.ostfriesland.de

Zwischen Jadebusen und Weser

▷ 💻 www.butjadingen.de

Region zwischen Weser und Cuxhaven

▷ 💻 www.wursterland.de

Region um Cuxhaven

▷ 💻 www.cuxland.de

Dithmarschen

▷ 💻 www.dithmarschen-tourismus.de

Nordfriesland

▷ 💻 www.nordseetourismus.de

Index

L/M

N

O/P

Q

R

S

SILKBODY
Silkbody - Funktionsbekleidung aus Seide
Warm im Winter - Kühl im Sommer
extrem leichtgewichtig und geruchsneutral
Infos anfordern bei: Agentur für Outdoorprodukte, Dieselstr. 12, 38122 Braunschweig
0531/2874698
info@klausklaus.de
www.klausklaus.de

freytag & berndt
www.freytagberndt.com
SCHAUEN SIE UNS RUHIG
IN DIE KARTEN!
BESUCHEN SIE UNSEREN WEBSHOP
Schleswig-Holstein · Hamburg
1:200 000
Deutschland Nord
Alemania del Norte
Duitsland Noorden
1:500 000
Zwischen Nordsee und Ostsee
1:150 000
ERHÄLTLICH AUCH IN JEDER GUT SORTIERTEN BUCHHANDLUNG UND TANKSTELLE
WIEN · MÜNCHEN · PRAHA · BRATISLAVA · BUDAPEST · LJUBLJANA · MADRID